孩子超喜爱的漫画科学

不可思议的动物

曾妙萍　编著

石油工业出版社

图书在版编目（CIP）数据

不可思议的动物 / 曾妙萍编著 . —北京：石油工业出版社，2023.1

（孩子超喜爱的漫画科学）

ISBN 978-7-5183-5667-6

Ⅰ . ①不… Ⅱ . ①曾… Ⅲ . ①动物 - 青少年读物 Ⅳ . ① Q95-49

中国版本图书馆 CIP 数据核字（2022）第 186471 号

不可思议的动物

曾妙萍 编著

出版发行：石油工业出版社

　　　　　（北京市朝阳区安华里二区 1 号楼　100011）

网　　　址：www. petropub. com

编 辑 部：（010）64523616　64523609

图书营销中心：（010）64523633

经　　　销：全国新华书店

印　　　刷：三河市嘉科万达彩色印刷有限公司

2023 年 1 月第 1 版　　2023 年 1 月第 1 次印刷

710 毫米 × 1000 毫米　　开本：1/16　　印张：9

字数：110 千字

定价：39.80 元

前 言

我们常说，兴趣是最好的老师，当一个人对某件事充满了兴趣，他就会因为好奇而产生浓厚的求知欲望，从而进步、成长。

自然万物的生长与变化，孩子们最容易看到、听到、闻到、感受到，也最容易对它们产生好奇心。不过，这些现象背后包含了很多复杂的科学知识，有些知识还比较深奥、抽象。如果没有得到及时解答，孩子们很容易因为心中的疑惑慢慢增多，逐步形成科学知识都很深奥、难懂的误解，认为这些内容自己学不懂、学不会，进而对相关知识的学习产生畏难与抵触的心理。

其实，学习科学知识可以非常轻松、有趣，抽象难懂的原理也可以讲得非常具体、简单。为了帮助孩子们建立起学习科学知识的兴趣与信心，我们特意从孩子们的视角出发，编写了这套涵盖了天气、植物、动物、物理、化学五大方面内容的科学书，希望能为他们今后在地理、生物、物理、化学等科目上的学习做一些启蒙，让他们带着更浓厚的兴趣在学海中遨游。

本书是其中的《不可思议的动物》分册。和人类一样，生活在大自然里的动物们也面临着诸多挑战，它们可能要为自己的生存与繁衍激烈打拼，也可能要为家族的发展与壮大添砖加瓦。海马宝宝真的是爸爸生的吗？长颈鹿的长脖子居然能转360度吗？世界上真有能离开水面并且爬到树上看风景的鱼吗？个头不大的食人鱼是怎样一会儿就吃光一整头牛的？……这些关于动物的小疑问，书中都会给出详细解答。

引人入胜的故事、幽默风趣的图片，加上通俗易懂的语言，相信孩子们在轻松愉快的阅读过程中，不知不觉就踏入了科学知识的大门。一旦对科学知识充满兴趣，就不会再觉得学习可怕，甚至在学习上还会变得积极主动。

还等什么呢？赶紧打开这本书，让孩子们开始享受奇妙又有趣的科学阅读之旅吧！

目录

令人称奇的生存本领

五花八门的防身术

这些动物不好惹

意想不到的共生

令人称奇的

生存本领

变色龙

色素细胞库

长舌头

动物界的"变色大王"

在非洲的热带雨林里，阳光洒落在林间，各种各样的动物在嬉戏打闹，好不热闹。突然，林间的动物发出了一阵尖叫声，然后四散逃跑，原来是一只巨大的秃鹰在树梢盘旋。秃鹰在上空盘旋一圈，没有发现什么猎物，便飞走了。

咦？怎么回事，树上怎么有一对一眨一眨的眼睛？原来，那是一条翠绿的变色龙，只见它土黄色的细尾巴挂在树枝上，身子隐匿在绿叶之间。若不是那一对眼睛"出卖"了它，恐怕谁都看不出来吧！

怪不得它能够躲过秃鹰的"火眼金睛"！

变色龙可不是龙

变色龙是一种生活在非洲和亚洲热带地区的爬行动物。尽管顶着"龙"的头衔，可它们并不是"龙"，事实上，它们是蜥蜴的一种，学名叫"避役"，喜欢在树上生活，主要以昆虫、蝎子、蜘蛛为食。

变色龙有一根超过自己身长、像弹簧一样的长舌头，十分灵活。平时这条长长的舌头就藏在它的嘴里，但是只要一有猎物靠近，舌头就会像弹簧一样弹出去，粘住猎物，然后送进嘴里。而这一过程，只需1/25 秒便可以完成，简直是快如疾风、迅如闪电。

除了构造特殊的舌头，变色龙还有一双十分罕见且可以转动 270 度观察环境的大眼睛，它们的左右眼竟然还可以各自单独活动，一个看前面，一个看后面，方便极了！敌人要是想背后偷袭，八成会以失败告终。

可转动 270 度的眼睛

想偷袭？没门儿！

轻松变一变，天敌难发现

虽然变色龙是蜥蜴的一种，但是它的行动速度慢得出奇，根本无法与其他的蜥蜴相比，甚至可以称得上是蜥蜴当中的"蜗牛"。因为行动缓慢，变色龙也懒得走动，即使偶尔走动走动，一分钟也只能迈出两三步。

变色龙行动十分迟缓，因此就有许多食肉动物盯上了它们，对它们虎视眈眈。那么，变色龙是怎么在危机四伏的环境中生存下来的呢？原来，在躲避天敌方面，变色龙有着自己的绝招——"变色"。

可以毫不夸张地说，变色龙变换身体颜色的能力是所有动物当中最出色的，是动物界有名的"伪装大师"。当它们在水里游动时，全身是绿色的，同水的颜色相近；上岸后，身体又变成了与泥土相仿的褐色；当它们一动不动地隐蔽在树枝上时，皮肤又迅速变得与树皮的颜色相近。变色龙能够熟练地利用"变色"技巧使自己巧妙地伪装起来，与自己周围的环境如泥土、水、树叶、青草等浑然一体，这样一来，它们便躲过了不少灾难。

当然了，变色龙"变色"并不仅仅是为了躲避敌害，它们还会用这种独特的方式进行交流。动物们都有自己的领地意识，雄性变色龙便会通过变成明亮的颜色，来警告其他变色龙："这是我的地盘！"

而当它们想要发动攻击时，体色会变得很暗，表示："我生气了，你接招吧！"雌性变色龙也喜欢通过变色表达自己的感情，如果遇到自己不中意的追求者时，就会将体色变得很暗淡，并且显现出闪动的红色斑点，意思就是："对不起，我不喜欢你，你还是去找别人吧！"

藏在皮肤下面的"调色板"

变色龙之所以能改变自己的肤色，是因为在它们厚厚的真皮里，有一个特定的"色素细胞库"。在这些色素细胞库中，有一种色素细胞，它能使皮肤的颜色变深，也能变浅，同时还能和其他色素细胞组合，调配出多种多样的颜色来。看来，变色龙的本领还真不小呢。

当然了，变色龙也不可以随心所欲，想怎么变就能怎么变。因为它们的变色过程受神经系统的间接控制，而不是如我们想象的那样说变就变，也不会在一个不适合自己栖息的环境里"创造"出一种新的颜色。

此外，每条变色龙几乎都有自己独特的"调色板"，它们也无法想变什么颜色就变什么颜色，它们当中有的绝不会变成绿色，有的则永远变不成红色，所以说，每条变色龙都是独一无二的，它的本事别人可是学不来的哦！

这是我的地盘！

表达情感的肤色

我生气了，你接招吧！

傍晚时分，正值海水退潮，大片的礁石裸露了出来，礁石还是湿漉漉的，一只橘黄色的海星懒洋洋地趴在礁石上。一只海鸥在海面上翱翔，眼尖的它发现了趴在礁石上的海星，兴奋地拍打着翅膀，尖叫着朝海星飞去。而海星也意识到了危险，开始朝海里爬去。

马上就要爬进海里了。哎呀，不好了，这只海星被压到了石头底下！海星奋力挣扎，可是石头纹丝不动，危险在一步步地靠近。

这时，骇人的一幕发生了——那只海星竟然扭断了压在石头下的腕足，在海鸥到来之前爬进了海里。断了腕足的海星还能存活吗？

海星

海底的

"不死之神"

海星正面图

现在还是小命重要，那只腕足还会再长出来。

趴在海底的美丽星星

海星是一种生活在海底的无脊椎动物，如果你见到海星，一定会为它那艳丽的颜色所吸引。从外表看，海星长得很像星星，身体表面有坚硬的石灰甲，带有美丽的色彩，人们把它当作海中的星星，形象地称之为"海星"。

海星与海参、海胆同属棘皮动物，主要分布于世界各地的浅海海底沙地或礁石上。别看海星个头小小的，它们对海洋生态系统和生物进化起着非同凡响的作用呢，这也是它在世界上广泛分布的原因。

海星的体形很怪，没有脑袋，也没有尾巴，整个身体又扁又平，看上去就像是多角形的星星。海星身体的中央部分叫作体盘，从体盘上长出了一条条腕。海星通常有五条腕，当然，也有的海星长有六七条甚至几十条腕。在这些腕下侧并排长有四列密密的管足，这些管足既是海星捕获猎物的武器，同时又能让它们攀附在岩礁上。大个的海星有好几千个管足呢！

海星背面图

在海星身体向下的一面，正中央有个口，那便是海星的嘴巴了，它可与海星爬过的物体表面直接接触。海星身体向上的一面颜色比较鲜艳，上面布满了圆圆的小突刺。海星的体型大小不一，体色也不尽相同，几乎每只都有差别，颜色有橘黄色、红色、紫色、黄色和青色等。

海底一只只美丽的海星，真像一颗颗掉进海里的星星呢！

这个猎手有点温柔

海星看上去好像永远是静止不动的，其实能够依靠腕下的管足缓慢地移动，大约每分钟能爬行5厘米～8厘米。海星的每条腕上都有红色的眼点，这便是海星的"眼睛"了，能够用来感知光线。在眼点的周围有短小的触手，具有嗅觉。

因为行动迟缓，所以它的主要捕食对象也是那些行动较迟缓的海洋动物，如贝类、海胆、螃蟹和海葵等。

海星在捕食的时候通常都会采取缓慢迂回的策略，让我们来看看它是怎么吃到难以撬开的贝类肉的吧！它先是慢慢地接近贝壳，用腕上的管足捉住贝壳并将其整个身体包起来；当贝类由于体力不济而稍有放松时，海星就会趁机将胃袋从口中吐出，分泌能够麻醉贝类的消化液，并将自己的胃伸进贝壳间的缝隙，将贝类的软体包住，然后从容不迫地将其吃掉。

惊人的重生之力

别看海星个头不大，它的食量却很惊人，一天之内，一只海星就可以吃掉 20 多只牡蛎。由于海星还会跟鱼虾抢饲料吃，因而渔民们十分痛恨它，经常捉到后将其"五马分尸"——剁成好几块，再扔向大海。结果却适得其反，海星的数量竟然越来越多了。这是怎么回事呢？

原来，海星有着极强的再生本领，这也是它最为奇特的地方。当海星的腕被石块压住或被天敌咬住时，它就会将腕自动折断，分身逃命。这可不像壁虎断尾逃命那么简单了——海星的每一个碎块都会很快重新长出失去的部分，从而长成几个完整的新海星来。也就是说，海星的任何一个部位都可以重新长成一只新的海星。即便只剩下一个腕，过了几天就能再生四个小腕和一个小口，再过一个月，旧的腕脱落，再生一个小腕，于是又一只五腕的海星出现了。

天哪，海星简直就是"不死之神"的化身啊！

刺豚

鱼中的"刺猬"

硬刺

　　一群鱼儿正在海底的珊瑚礁附近追逐嬉戏，突然，从远处游来了一条大鲨鱼。所有的鱼儿转眼都藏了起来，唯有一条小怪鱼仍在不慌不忙地游着，于是大鲨鱼一口将那条小怪鱼吞了下去。正当其他鱼儿都为小怪鱼担心时，奇怪的事情发生了——大鲨鱼满嘴都是血，气急败坏地张开了血盆大口，一只像刺猬一样的怪鱼从大鲨鱼嘴里游了出来！

　　天哪，小怪鱼竟然打败了大鲨鱼，这到底是怎么回事呢？

体外有刺，体内有毒

那条吓走了大鲨鱼的小怪鱼名叫刺豚。刺豚的个头很小，成年的刺豚最大的也只有 90 厘米长。刺豚的长相非常独特，跟普通的鱼类相比，它的眼睛明显地凸了出来，而且嘴巴有点儿像鸟嘴。它们就是利用自己奇特的嘴巴来捕食蛤蜊、海星、小虾、小蟹等动物的。

身体膨胀之前

身体膨胀之后

刺豚没有肋骨、顶骨、鼻骨和眶下骨，它们的牙齿愈合成了牙板，能咬碎坚硬的食物，就连蛤蜊的外壳也能轻易咬开。刺豚全身长满了硬刺，这些刺是由鳞片演化而来的。平时，这些硬刺都贴在身上，只有遇到危险的时候，才会像刺猬那样把硬刺都给竖起来。

此外，刺豚的身体形状也比较特别。大部分鱼类的身体都是流线型的，但刺豚的身体是椭圆的鸡蛋形状，这一特征是大多数豚鱼都具有的特征，因此，它们游泳的速度都非常慢。

刺豚跟其他豚形目鱼类一样，体内含有"河豚毒素"。一条豚鱼身上的"河豚毒素"能够毒死大约30名成年人。哎呀，想想还真是够恐怖的呢！

遇到危险就充气的带刺"气球"

刺豚是鱼类中的"刺猬"。它们跟刺猬一样，一碰到危险就立刻把身体的硬刺竖立起来，使得敌人无从下嘴。不过，刺豚还有一项刺猬没有的本领，那就是它们能够把身体像气球一样膨胀起来，变成原来身体的两到三倍。这样做，一来可以"虚张声势"，二来可以使那些体型较小的敌人无法将它们吞下。

气尖

那么，刺豚是如何使身体膨胀起来的呢？原来刺豚的身体构造很特殊。在它肠子的下方，有一个向后扩大成带状的气尖。刺豚一旦遇到危险，就会立刻冲向水面，张嘴吸入空气，使气尖中充满气体。要是来不及冲出水面吸入空气，那么刺豚就会吸入大量的海水。因为刺豚腹部的皮肤比背面的皮肤松弛，加上气尖又位于肠子的前下方，因而刺豚头部和腹部就会膨胀得很大。

想想看吧，一个浑身长满尖刺的鼓鼓囊囊的家伙，再厉害的敌人也会心生怯意，因为从任何一个方向下嘴，都必然会被刺豚的硬刺扎伤，最终只能眼睁睁地放弃即将到嘴的美味佳肴。

警报解除，恢复原状

当捕食者扫兴而去，刺豚的危险也解除了，此时，刺豚要马上将吸入体内的大量海水或空气给排出来。它们会从鳃孔以及嘴中将空气或者海水排出，使身体恢复正常。假如不能在短时间内将体内的空气或海水排出，刺豚便会因身体过度膨胀而死。想想看吧，要是刺豚一直膨胀着身体，说不定什么时候就会像一个超负荷的气球那样爆炸了。

虽然刺豚是海洋中的弱者，但是由于它拥有特殊的生存技能，因而能够在残酷的竞争中生存下来，就算是海洋中的"超级恶霸"大鲨鱼也拿它毫无办法。

竹节虫
树林里的伪装者

你看不到我，看不到我。

山上有一棵高大的橡树，很多小昆虫在这里游玩和定居。瞧，此时这些小虫子或者绕着树飞来飞去，或者高兴地啃食着树叶，大树简直就是它们的游乐场啊！

突然，一只画眉飞了过来。原本安静和美的气氛被破坏，昆虫瞬间乱作了一团。昆虫一哄而散，各自寻找安全的地方躲了起来。

啊！这是谁，胆子这么大！它不仅没有逃走，还把身体挂在了树枝上，随风悠闲地摆动着。这也太嚣张了吧？难道不要命了吗？

原来，这只胆大妄为、临危不惧的虫子叫竹节虫！难道它真的吃了豹子胆吗？

弱不禁风的小虫子

竹节虫是我国南方丛林里一种常见的昆虫。它的成虫身长约 10 厘米，某些种类最长可达 60 多厘米，可以说是世界上最长的昆虫。竹节虫的外表酷似一根长着几条分叉的枯树枝，黄绿色光滑的体表上，有着清晰明显的竹节——这也就是它名字的由来。

竹节虫生活在树枝上或草丛里。它的生长过程没有蛹期，幼虫几次蜕皮后直接长大为成虫。竹节虫孵化出来后，会爬到离自己最近的树木或草上，然后就在那里安家落户了。

竹节虫的行动非常缓慢，它通常夜晚出来活动，而白天几乎一动不动。竹节虫是食草动物，不具有攻击性。别说让它主动出击，如若敌人来袭，它连被动还手的能力都没有。而且它们没有翅膀，大腿也很细，因此在受到攻击的时候，也没有办法迅速逃脱。唉，这可是典型的打也打不过、逃也逃不走，它们似乎只有束手待毙的份儿了。

那么，在捕食者经常出没的地方，这些没有自我保护能力的竹节虫是怎么生存的呢？它们又为什么会这么胆大妄为呢？

竹节虫的四大"护身法宝"

原来竹节虫并不是英勇无畏，敢于向画眉挑战，也不是具有献身精神，要主动葬身鸟腹！它之所以这么镇定自若，是因为它有护身法宝！

法宝一：我是竹节虫，还是树枝？竹节虫可是拟态高手。在没事做的时候，它会把两只前脚并拢，同时四只中脚和后脚支开，纹丝不动地藏在树上，不仔细观察的话，你根本分辨不出来它们和树枝的区别。即使到了"饭点"，它们也只是小心翼翼地移动取食，并在移动的时候有节奏地左右摇摆着，让别的动物以为是树枝在晃动。谁能练出慧眼，分辨出这究竟是干巴巴的树枝还是美味的竹节虫呢？

法宝二："变色龙"来了！竹节虫还是一只"变色龙"！它天生就能根据周围的环境变换身体的颜色，趴在绿色的树枝上就变成绿色，趴在褐色的树枝上就变成了褐色。想要吃掉竹节虫可是很不容易啊，必须炼成火眼金睛！

法宝三：对不起，我"死"了！有时候，竹节虫会忙着大吃大喝，不小心放松了警惕，忘了装成树枝。这个时候，可就把它的敌人招来了。不好，你看，那个小鸟的爪子和尖嘴已经逼近了，小虫子这次在劫难逃！别担心，竹节虫还会装死。它"啪"的一声掉在地上，然后一动不动，就像折断的枯枝一样。对不起，我"死"了，请您换个地方找食吃吧！

法宝四：终极法宝——又长出来了。当然，竹节虫不可能每次都这么幸运，有的时候它会被咬住腿或者触角。怎么办？这时候，它会舍弃肢体的一部分，果断地挣脱，很有壮士断臂的气概！放心，再见到它，它还是好好的——丢掉的部分又长出来了！

全面伪装，包括产下的卵

竹节虫不仅能把自己伪装成树枝，就连产下的卵也很像植物的种子。因此产卵之后，竹节虫妈妈不会像其他昆虫一样把卵藏起来，而是随意扔在地上。这些卵和其他植物种子混在一起，就更不容易辨认了。即使是专门以昆虫的卵为食的虫子，也很难发现它们。

竹节虫看似弱不禁风，动起手来打不过别人，跑起来又快不过别人，但敌人来临的时候，它也有自己的办法！看来，就算在动物界，也并非总是要靠武力解决问题，智慧和本领可以说是相当重要啊！

海底深处，一只海参从岩礁中缓缓地爬了出来。它刚刚结束了自己的休眠，这会儿肚子正饿得咕咕叫呢，看到旁边有许多小小的微生物，它赶紧凑上前去，准备大快朵颐。正应了那句古话：螳螂捕蝉，黄雀在后。正当海参在"狼吞虎咽"的时候，一只螃蟹正在悄悄地接近海参。就在海参即将落入"虎口"的刹那，一团黑乎乎又长又黏的东西从海参的肛门喷了出来。海参的这一举动倒是把螃蟹吓了一跳，而海参则趁机逃之夭夭了。

海参从肛门里喷出来的到底是什么东西呢？

海参

黑乎乎的"蔫黄瓜"

嚯，这是什么？

喷射出的内脏

肉质突起

6 亿多年前的古老生物

海参属棘皮动物，身体长圆形，肉多而肥厚，体壁外表有很多肉质突起，看上去就像一条黑色的快要腐烂的"蔫黄瓜"，所以其外号又叫"海黄瓜"。

说起来，海参可是一种非常古老的动物。在 6 亿多年前，它就已经生活在海洋里了。在漫长的岁月里，海参为了适应自然环境，形成了独特的生活习性。它深居海中，不会游泳，仅靠管足和肌肉的伸缩压力在海底蠕动；行动迟缓，一个小时才能走 3 米远；主要以泥沙中的有机物质和微生物为食。

每年夏季，当海水的温度上升至 20℃时，海参就会选择休眠，它们会不声不响地转移到深海的岩礁暗处，背面朝下，潜藏在石底呼呼大睡起来。海参这一睡就是三四个月，在这期间，它们不吃不动，整个身体会渐渐萎缩变硬。一直到秋后，才会苏醒过来恢复活动。

海参为什么会在夏季选择休眠呢，一般的动物不都是冬天才会休眠的吗？原来，海参平日里是靠捕食海里的微生物为生的，而微生物对海水的温度很敏感，当海面水暖，它们便会往上游，水冷则潜回海底。夏季海面暖和了，微生物便纷纷到上层水域进行一年一度的繁殖，而栖身海底的海参无法追随。海参迫于食物供应中断，只好藏匿在石下休息保养了。

抛射内脏，脱离虎口

尽管海参相貌丑陋，但它是很多食肉动物眼中十足的美味，因为它长了一身令人垂涎欲滴的肉——身体软绵绵的，没有骨头，想想都要流口水啊——因而海参常常会遭到强者的侵犯。海参既没有尖牙，也没有利爪，更没有毒器，换句话说，它没有任何一样能够进攻或抵御敌人的武器，所以在自然界，它是十足的弱者。但是，令人惊奇的是，每次战斗，胜利者往往是海参。

那么，海参到底有什么绝招呢?

真是人间美味啊。

看我跟黄瓜像不？

原来，海参具有生物界独一无二的绝招——向敌人抛射全部内脏，趁机逃离"虎口"。当强敌来袭时，海参无力与之抗衡，却又不甘心束手就擒，于是，它就会在即将落入"虎口"的一刹那，使出其特有的"苦肉计"——后缩体壁，将全部内脏一齐从肛门喷射出去。用自己的全部内脏作为"厚礼"，奉送给来犯的强敌。强敌往往会被这堆黏糊糊的"厚礼"给吸引，在强敌还没有反应过来的时候，海参就趁机带着空壳沉入海底，逃之夭夭。

海参的这种做法难道不是自寻死路吗？没有了内脏的海参，它如何存活？

海参这么做自然有它的道理，也并不是自寻死路了。因为海参的器官具有惊人的再生本领。没有了内脏的海参，经过 2 个月至 4 个月的休养生息，就会重新生长出一套全新的内脏来。怎么样，够神奇吧？！

变魔术般的排异功能

我们人类要是一不小心把什么坚硬的异物吞进肚子里，就不得不去医院就诊了，可海参完全不担心这个问题，它们具有强大的排异功能。

有人做过一个实验，他们用针线或铁丝直接穿透海参的身体，并牢牢打上一个死结，可用不了半个月，海参就会将自己体内的异物魔术般地排出体外。不仅如此，它们的身体上也不会留下任何被穿透或是被勒的痕迹。

角蜥

眼睛会喷血的沙漠蜥蜴

在墨西哥的索诺拉沙漠，天阴沉沉的，大朵的乌云飘在天上，一场大雨即将到来，一群蚂蚁正在紧张有序地搬家。然而，突然出现的捕食者却将这份难得的平静打破了。一只长得像蟾蜍一样的蜥蜴，正悄悄地爬向忙碌的蚂蚁。

正当蜥蜴美滋滋地想要饱餐一顿的时候，突然发现身后不知何时竟然出现了一条响尾蛇，蜥蜴顿时吓得不敢动弹。响尾蛇吐着芯子一步步地逼近。

突然，"扑哧"一声，蜥蜴的眼睛里竟然射出了一股鲜红的血液，而且还准确地射在了响尾蛇的脑袋上！响尾蛇被这突如其来的袭击惊呆了，随后就掉转蛇头，迅速地离开了。

小小的蜥蜴竟然击退了凶恶的响尾蛇，真是太神奇啦！

尖锐的角

眼球与眼眶间的空洞喷出了血

身体和尾巴上的鳞片

真的有 1000 只脚吗

那个肉乎乎、全身长满细脚的小虫子就是千足虫，它们身上的脚可不止 100 只哦！

千足虫又称马陆，是一种陆生节肢动物。它的身体呈圆筒形或长扁形，分为头和躯干两部分。头上长着一对粗短的触角，躯干则是由许多体节构成的，多的有几百节呢。每个体节都是一个独立的整体，能够单独弯曲，自由伸展。除去第一节无脚和第二至第四节是每节一对脚外，其余的体节每节都有两对脚，所以它有很多脚。

不过，虽然名为"千足虫"，但实际上它根本就没有 1000 只脚，说起来，"千足虫"这个称呼可是名不副实呢。大多数的千足虫都有 100 多对脚，这其实也已经是一个不小的数字啦。

千足虫行走时左右两侧的脚同时行动，前后脚依次前进，进行波浪式运动，看起来十分有节奏。千足虫虽然脚很多，但是行动起来相当迟缓。看来，脚多也不见得能走得快呢。

越长越多的脚

千足虫并不是一生下来就有这么多脚的。刚出生的千足虫幼虫身体只有 7 节，经过一次蜕皮之后，体节增加到了 11 节，有 7 对脚；接着是第二次蜕皮，经过第二次蜕皮，体节增加到了 15 节，有 15 对脚……就这样，经过多次变态发育后，千足虫的体节慢慢地增多了，脚也就随之增加了。

哈哈，这些可都是我的杰作哦！

千足虫喜欢成群结队地生活在阴暗潮湿的地方，如枯枝落叶堆中或碎石瓦砾下。白天的时候，千足虫躲在阴凉潮湿的地方睡大觉，到了晚上，它们便开始四处活动，找食物吃。

千足虫以腐败植物为食，有的也喜欢啃噬植物的幼根及幼嫩的小苗和茎、叶。千足虫是卵生动物，每年繁殖一次，平均寿命在一年以上。每年一到繁殖季节，千足虫就会把卵产在草坪的土层表面。千足虫产卵有个特点，那就是成堆产卵，在卵的外面有一层透明的黏性物质。在适宜的温度下，这些卵经过 20 天左右就会孵化成幼虫，几个月之后幼虫便会成熟。

别惹我！否则我就喷毒液

千足虫没有毒颚，也不会蜇人，但是你可别因此就小看它，它也有自己的防御本领呢。当它们受到惊扰的时候便会缩成一团，一动也不动，在那儿"装死"，当危险过后，它们才会慢慢伸展身体爬走。

此外，千足虫的每个体节上都分布着毒腺，它们能够喷射毒液，这便是千足虫的"化学武器"了。当它们遇到强敌的攻击，便会立即将身体蜷缩起来，各个体节形成一个扇形，然后每个体节的毒腺一起向对方喷射毒液。那些毒液顿时像一颗颗"水弹"，劈头盖脸地向敌人打去，自己则趁乱逃走。

毒腺

你可千万别小看那些毒液，它们具有很强的麻醉作用，如果人的眼睛不小心被千足虫的毒液击中了，会暂时看不清东西；要是皮肤被扫射到了，会感到麻木疼痛。只有当毒液的毒性消失之后，人的视觉和触觉才会逐渐恢复。

在大海深处，有一种十分奇特的动物，它的头像马，身子像虾，全身布满了坚硬的甲胄，肚子鼓鼓囊囊的，行动缓慢。它游到一丛海藻旁边停了下来，将它那尖尖的尾巴缠绕在海藻上面，然后开始不停地前俯后仰做屈伸的摇摆动作。咦，这种动物到底是什么，它为何要做出如此怪异的举动呢？

仔细一看，它每后仰一次，从它的腹部就会出来一些极小的动物。原来这种奇特的动物是在分娩啊，真是有趣！

海马
海里的 模范爸爸

妈妈呢？我的妈妈在哪里？

海马爸爸的育儿袋

大海里的小小"马"

　　海马除了头部像马之外，其他没有可以称得上是"马"的地方。最大的海马体长也只有 30 多厘米，和马比起来简直小得可怜。只是因为它的头部与马相似，才有了"海马"这个名字。

　　严格说起来，海马是一种奇特而珍贵的近陆浅海小型鱼类，没错，它们其实是一种鱼。

　　海马的样子十分奇特。它们的头与躯干成直角，胸腹部凸出，尾巴又细又长，呈卷曲状，方便随时缠附在海藻的茎枝上。它们的嘴巴像一根尖尖长长的吸管，无法张开，只能吸食水中的微小生物。海马的眼睛也十分独特，可以分别向上下、左右或前后转动，这是因为海马没有脖子，脑袋不能自由转动，只能依靠伶俐的眼睛观察海底世界，有时候甚至可以一只眼向前看，另一只眼向后看，够神奇的吧！

这些还不算什么，最奇怪的要数海马的游泳姿势了，它们竟然是垂直游泳的，这真令人难以想象！水中的海马整个头部向上直立着，完全依靠背鳍和胸鳍的快速摆动来缓慢地游动。或许知道自己游得太慢，海马有时索性以卷曲的尾部缠着漂浮的海藻随波逐流。

孵宝宝的爸爸

大多数动物是由雌性来孕育后代的，海马却是由雄性来繁衍后代的。这究竟是怎么回事呢？

海马生养宝宝可谓是"独门绝技"，雄海马在准备做父亲之前，尾部腹面会逐渐长出一个透明的囊状物——"孵卵囊"，这是一种奇怪的育儿袋。

动物界由雄性负责找寻食物、雌性负责繁衍宝宝的普遍规则在海马的世界里完全颠倒了。每年春夏之交，雌雄海马在水中相互追逐，寻找自己的另一半，当两只海马两情相悦之时，它们的尾部就会缠在一起，雌海马会把卵子排到雄海马的育儿袋中，待雄海马令卵子受精以后，育儿袋就会自动闭合起来。此后，雄海马就成了"妈妈"，肩负起了孕育后代的责任。

海马爸爸的育儿袋的内皮层有很多血管网，可以提供胚胎发育所需要的营养和氧气，保证受精卵能够顺利地发育成小海马。

海马是爸爸生的吗

"胎儿"在海马爸爸的育儿袋里经过 20 天左右的"孕期"，小海马便发育成熟了。这时候，雄海马的肚子已经变得很大，它们就该准备分娩了：只见疲惫不堪的雄海马用它那能卷曲的尾巴，缠绕在海藻上，依靠肌肉的收缩，不停地前俯后仰做屈伸的摇摆动作，每向后仰一次，育儿袋的袋口就打开一次，小海马于是一尾接一尾地被弹了出来。

刚刚出生的小海马个头还不到 10 毫米呢！三个月后，它们能够长到 110 毫米；五个月之后，它们终于"长大成人"了。

在澳大利亚辽阔的草原上，有两只高大的袋鼠正在嬉戏打闹。奇怪的是，其中一只袋鼠的肚子上竟然有一个类似布袋的东西在晃个不停，而另一只袋鼠的肚皮则很平坦，什么都没有。仔细一看，"布袋"里居然还有一只可爱的小袋鼠，它正从里面探出脑袋，好奇地打量着外面的世界！

那个带有"布袋"的肯定就是袋鼠妈妈了，而没有"布袋"的则是袋鼠爸爸。只是，袋鼠妈妈这么一直带着小袋鼠到处走动，一定很辛苦吧。

袋鼠

把宝宝装进"口袋"里

青草：袋鼠的食物

强劲有力的后腿

袋鼠的尾巴能在袋鼠休息时支持身体

育儿袋

跳远冠军，最远可跳 13 米

跳跃时尾巴用来保持平衡

最能跳的哺乳动物

袋鼠是原产自澳大利亚大陆和巴布亚新几内亚部分地区的哺乳动物，在澳大利亚的丛林中和草原上，经常能看到袋鼠的身影。袋鼠是食草类动物，主要以青草和树叶为食。

所有的袋鼠，不管它们的身形有多大，都有一个共同点：长长的后腿强健而有力，十分善于跳跃。它们通常会抬起前腿，用强健有力的后腿跳跃前进。据统计，袋鼠最高可跳 4 米，最远可跳 13 米，可以说是哺乳动物当中跳得最高最远的。

袋鼠的身后拖着一条又粗又长的尾巴，在跳跃的时候它们用尾巴来保持平衡，而当它们缓慢走动时，尾巴则可作为第五条腿。袋鼠的尾巴既能在袋鼠休息时支撑袋鼠的身体，又能在袋鼠跳跃时帮助袋鼠跳得更快更远。

袋鼠跟其他的哺乳动物不同，它们没有胎盘。胎盘的作用是把营养物质和氧气传递给胚胎，然后再接收胚

尚未发育完全

胎产生的废物。雌性哺乳动物能在体内孕育后代，主要就是胎盘的功劳。袋鼠没有胎盘，那它们是怎么孕育后代的呢？其实它们也是在体内孕育后代的，只不过它们的孕期很短，只有一个月的时间，因此小袋鼠并没有发育成熟。刚刚出生的小袋鼠只有 3 厘米长，还不到 3 克重，眼、耳和后腿等器官也都还未发育完全，只有鼻子和前腿发育成熟了。这样一来，袋鼠妈妈只能将刚刚出生的小袋鼠放进贴身的育儿袋里。

爬进育儿袋：袋鼠宝宝的成长第一关

小袋鼠刚生下来的时候，一副柔柔弱弱的样子，让人很难相信能够活下来。

加油啊，孩子！

育儿袋里的乳头

袋鼠妈妈为新生儿舔开的路径

3 厘米，不到 3 克

不过，袋鼠妈妈有的是耐心和办法。小袋鼠出生之后，袋鼠妈妈就会将脐带咬断，再用舌头把自己腹部的毛舔湿，分开，为新生的小袋鼠铺好了一条通往育儿袋的道路。此时的小袋鼠眼睛还没有睁开，它们只能凭借本能顺着母亲的尾巴爬进育儿袋。

但是，对于刚出生的小袋鼠来说，爬进妈妈的育儿袋可不是一件简单的事情。因此，也有一些小袋鼠会因为爬不到育儿袋而夭折。

袋鼠妈妈的育儿袋是小袋鼠最温暖的摇篮，育儿袋里面有四个乳头，小袋鼠们就是在育儿袋里被抚养长大的，直到它们能够在外部世界生存才会从育儿袋中爬出。尽管袋鼠妈妈没有胎盘，但是育儿袋在一定程度上弥补了没有胎盘的缺失，让小袋鼠能够顺利长大。

温暖实用的皮口袋

刚出生的小袋鼠历尽了千辛万苦，终于爬到了妈妈的育儿袋里。当小袋鼠咬住育儿袋里的乳头时，袋鼠妈妈的乳头就会膨胀开来，方便小袋鼠含住。而且，此时乳头会自动分泌乳汁，以免刚出生的小袋鼠没有力气吮吸。袋鼠妈妈的育儿袋真是十分"人性化"呢！

小袋鼠长到四五个月的时候，全身的毛长齐了，各个器官也渐渐地发育成熟了，此时，小袋鼠就会从育儿袋里探出脑袋来观察这个新奇的世界。小袋鼠在育儿袋里长到七个月以后，开始跳出袋外来活动。可是一旦它们受到惊吓，就会立即钻回到育儿袋里去。这时候的育儿袋也变得像橡皮袋似的，很有弹性，能拉开、合拢，小袋鼠进进出出很方便。

出生后的小袋鼠要经过三四年才能发育成熟，成长为身高 1.6 米、体重 100 多千克的大袋鼠。这时候，它的体力也发展到了顶点，每小时能跳走 65 千米；它那强有力的大尾巴一扫，足以置人于死地呢！

在白杨树高高的树干上，有一个精巧的鸟窝，窝里有好几只刚刚孵化的小鸟探出了脑袋。这时，画眉妈妈从外面觅食回来了，几只小鸟看见了，叽叽喳喳地凑上前去。有一只小鸟看上去十分强壮，个头也比其他的小鸟大很多，它三两下便把其他小鸟挤到了一边，从画眉妈妈嘴里抢到了美味的虫子。其他小鸟只能饿着肚子冲着画眉妈妈叫个不停，对此，画眉妈妈也十分无奈。

等等！怎么那只抢到虫子的小鸟个头看上去比画眉妈妈还要大呢？这到底是怎么回事？

杜鹃

孵蛋
让别人养

画眉

杜鹃

不孵蛋、不喂食的鸟妈妈

其实，那只从画眉妈妈嘴里抢走食物的"异类"并不是画眉的孩子，它是一只小杜鹃。咦，那只小杜鹃是怎么跑到画眉妈妈的鸟窝里的？杜鹃妈妈丢了自己的孩子，它肯定着急死了吧，得赶快告诉杜鹃妈妈它的孩子在这儿呢！

最不称职的母亲

事实上，你多虑了，杜鹃妈妈这会儿正逍遥自在地到处游山玩水呢，丢了孩子它一点儿也不着急，更不会担心。这怎么可能，世界上怎么会有这样狠心的妈妈？

说起来，杜鹃可以算是鸟类中最不称职的母亲了。它在抚育后代方面可以说是一无所知，它们既不会垒窝孵蛋，也不会养育幼鸟。那它们是如何繁衍后代的呢？别急，虽然杜鹃不抚育后代，但这并不意味着它无法繁衍后代，它们将自己的职责偷偷地让别的鸟妈妈来代劳。

鸟不可貌相

杜鹃是鸟类家族中普通的一员，它的身体是黑灰色的，尾巴上有白色的斑点，腹部有一些黑色的横纹。杜鹃的大小跟鸽子差不多，但是比鸽子瘦一些。它们喜欢在开阔的林地，特别是近水的地方生活，初夏时节常常昼夜不停地啼叫，声音清脆动听。

杜鹃十分胆小，总是躲在树叶之间不露头，所以你通常只能听见它们的叫声，却看不见它们的身影。它们甚至连飞行的时候也尽量不发出任何声音，生怕被人发觉。

关于杜鹃，还有个美丽的传说。相传望帝杜宇是个非常开明的皇帝，他看到鳖相治水有功，令百姓安居乐业，便主动把王位让给他。不久，杜宇去世了，并化作杜鹃，日夜啼叫，催春降福。

看到这里，你可能会以为，杜鹃是个善良、胆小、惹人喜爱的小鸟。那你可就大错特错了，曾经有人做过一个统计，挑出了动物王国的十大欺骗高手，杜鹃名列榜首，人们发现它面目狰狞、残忍、专横，这是为什么呢？

从妈妈到孩子，都有坏心思

当雌杜鹃要产蛋的时候，它们就开始在心里打起自己的小算盘了。它们从来不会为即将出世的子女操心，而是悠闲地在树林里飞来飞去。当它们发现云雀、画眉等鸟类孵蛋的巢窝时，就会在附近盘旋。一旦发现这些鸟类外出觅食，它们就会偷偷地将自己的蛋产在别人的巢窝里。这还不算完，临走之前，杜鹃鸟还会很过分地把巢主人的蛋衔走一枚。

有时候，实在找不到适合的鸟巢，它就只好暂时把自己的蛋产在一处比较安全的草丛里，然后在找到鸟巢后，将自己的蛋偷偷放进去，便得意地飞走了。

奇怪的是，杜鹃产的蛋不论是大小还是颜色，都与寄主的十分相似，不要说是智商一般的鸟类，就是人类也很难用肉眼分辨清楚呢。

杜鹃蛋

小杜鹃

将蛋放到合适的巢穴中之后，杜鹃就算完成了自己的任务，接下来孵化鸟蛋、抚育后代的任务便交给"养母"来负责了。

杜鹃蛋要比云雀、画眉等鸟类的蛋孵化得快，因此杜鹃幼鸟往往是第一个破壳而出的。奇怪的是，直到这时，"养母"还没有意识到问题所在，依然会将小杜鹃当作自己的亲生孩子一样来喂养。可是小杜鹃却一点儿也不领情，它一出世就继承了父母性情暴躁的特点，喜欢在窝里横行霸道，这样一来，那些还未出世的"异类弟妹"就倒大霉了，有的被它撞得东倒西歪，影响了正常发育；有的甚至直接被它撞到了外面，摔死在地上。当那些幸存的"异类弟妹"破壳而出之后，小杜鹃又开始与它们争夺食物。

在小杜鹃还不会飞翔和独立觅食之前，它的"养母"会一直辛苦地给它带回小虫子之类的食物，而等它羽毛丰满时，它就拍拍翅膀，唱着"布谷布谷"的歌声，大摇大摆地飞走了，永远不会再回来看看自己的"养父母"。唉，一个狠心抛弃孩子的"亲妈"，再加一个不报答养育之恩的"养子"，难怪杜鹃的名声会这么差呢！

寄生蜂

把别人的身体当摇篮

一个颜色灰暗的蛹茧粘连在树枝上。这时，茧内有了轻微的蠕动，后来，蠕动的幅度加大了，茧的壁膜也渐渐变得薄透起来，隐隐能看到里面有生命在不停地蠕动。随着一声轻微的声响，"牢笼"终于被撕破了一道口子，里面的小生命动得更加剧烈了，口子越来越大，一只弱小的生命从里面爬了出来。

仔细一瞧，咦，破茧而出的居然不是美丽的蝴蝶，而是一只长有很多只脚和两对透明翅膀，样貌十分丑陋的小虫子，这到底是怎么一回事呢？

寄生蜂的孩子怎么生活在茧里

原来，从茧里面爬出来的丑陋的小虫子是一种寄生蜂，正如同人的体内存在着掠夺营养的寄生虫一样，在昆虫世界里也存在着寄生在其他昆虫体内抢夺营养的昆虫。

在古代，有这样一个传说：蜾蠃（一种细腰寄生蜂）只有雄的，没有雌的。事实上，蜾蠃雌雄俱全，当它们遇到螟蛉的幼虫时，的确会将其衔回自己的窝里，但蜾蠃将其带回家可不是认它们做义子的。蜾蠃会用自己尾上的毒针将螟蛉幼虫刺个半死，接着在上面产卵。当卵孵化后，便会以螟蛉幼虫为食，蜾蠃幼虫长大后从里面爬出来，此时，人们看到的是蜾蠃，便以为是螟蛉变成了蜾蠃。

其实，在自然界，有很多像蜾蠃这样的寄生蜂，它们喜欢把自己的卵产在其他昆虫的幼虫、蛹或卵中，而其幼虫孵化之后便会以寄主的身体为食，直到幼虫长大成熟。

嘿嘿，没有人看到，赶快偷偷回家去！

蜾蠃

螟蛉幼虫

两种寄生方式：外寄生、内寄生

当寄生蜂的卵孵化之后，它们就会大肆夺取寄主的营养，那寄主会不会马上就死掉呢？

就像人体内的寄生虫并不会导致人立即死亡一样，寄生蜂的寄主也不会马上死去。因为寄生蜂幼虫并不会伤害其内脏等重要器官，而只是吸食血液等，所以，寄主的生命可以暂时无恙。

不过，寄主并不知道自己体内有了寄生蜂，仍然会努力地觅食，只是身体里的营养都被寄生蜂幼虫给抢了去，等到该制作虫蛹的时候，它就虚弱得只有一息尚存了。接着，寄生蜂幼虫就会撕破寄主的肚皮爬出来。

这就对了，你加油吃吧！这样我们才能快快长大呢。

真奇怪，我吃了不少菜叶了，怎么还是觉得没力气呢？

这样的情形，光是想一想，都会让人不寒而栗啊。

寄生蜂的种类很多，根据寄生形式的不同，可以将其分为两大类：外寄生和内寄生。外寄生是指把卵产在寄主体表，让孵化的幼虫从其体表取食寄主的身体；而内寄生是指把卵产在寄主体内，让孵化的幼虫以寄主的身体组织为食。

外寄生者在产卵之前必须要做到一件事情，那就是让寄主保持不动，否则卵就会被寄主压坏或咬死。因此，那些外寄生蜂在产卵之前会先用产卵管蜇刺寄主，同时将有毒物质注入寄主体内以麻痹寄主。这样一来，寄主无力反抗，寄生蜂便趁机把卵产在了寄主的身体里。

能操控毛毛虫的小寄生蜂

当寄生蜂的幼虫从毛毛虫的体内爬出之后，毛毛虫已经半死不活了，但是它的噩梦并未结束。那些幼虫会爬到附近的树干或树叶上，开始织茧，而已经成为"僵尸"的毛毛虫仍然受到它们的控制。此时毛毛虫俨然是一个傀儡，它们会像保镖似的在附近默默地注视着寄生蜂幼虫，关注着它们的成长，一旦发现有什么动物试图攻击幼虫，毛毛虫就会主动上前，像保镖那样将来犯者给赶走。

这是因为寄生蜂幼虫对它们释放了一种化学物质，这种化学物质能够控制毛毛虫。这听上去似乎很神奇呢，而且是不是觉得毛毛虫非常可怜？不过，寄生蜂往往只寄生在害虫的身体、卵或蛹中，总体上看，是益虫战胜了害虫。这样一想，你是不是就放心多了呢？

鱼儿生活在水里是天经地义的事情，因为它们一旦离开了水就会死掉。可是你看，一场大雨过后，竟然有一条鱼不知死活地从池塘里跳了出来，还爬到了树上。难不成这条鱼儿有什么烦心事，想不开要自寻短见？或是贪看树上的风景，连死都不怕了？先别忙着惊讶，更奇怪的事情还在后面呢。过了一会儿，竟然又有十多条鱼爬上了岸，争先恐后地往树上爬。天啊，这到底是发生了什么事情，难道这群鱼儿要集体自杀不成？

在河里待久了，到树上看看风景吧！

攀鲈鱼

我是会爬树的鱼

加油，快到了！

鱼儿居然能离开水

众所周知，鱼儿离不开水。但是在我国福建、广东和一些热带、亚热带地区的湖沼河沟中，生活着一种小小的鱼类，它们经常成群结队离开河水，经过田野到树丛里去寻找最爱吃的昆虫。假如树丛里有成群结队的小昆虫，它们便会一扭一扭地爬到树上，待它们一个个吃得肚子鼓鼓的，才会心满意足地爬回小河里。

听起来很像是在讲故事呢。的确，这种鱼儿是够神奇的，它们不但能够离开水生活，而且还会爬树。但是世界这么大，无奇不有，这群会爬树的鱼儿是真实存在的，它们便是有名的攀鲈鱼。

攀鲈鱼可是我们亚洲特有的鱼类哦，原产于中国、马来西亚等国家。它们喜欢在大雨之后离开其所生活的河流，到陆地上透透气，有的时候，它们还会调皮地爬到树上去，看看远方的风景，没准会思考一下自己的"鱼生"。

钩刺

鱼儿居然还会爬树

作为鱼类，攀鲈鱼为什么能离开水而生活呢，莫非它们有什么特殊的本领?

攀鲈鱼的确跟其他的鱼类不太一样，在攀鲈鱼的鳃边，附生着两个像木耳一样的褶皱状的副呼吸器，叫作"鳃上器"，里面布满了毛细血管。空气中的氧气可以通过毛细血管进入到血液中，鱼体内的二氧化碳则可以通过这些毛细血管排出体外。神奇的鳃上器能够帮助攀鲈鱼在较为湿润的土壤中生存，不仅如此，即使离开水，攀鲈鱼也能生活较长时间呢!

不过，鳃上器只能保证攀鲈鱼离开水之后能够存活下去，那么它是如何爬到树上去的呢? 原来，在攀鲈鱼头部沿鳃盖的下半部，生长着一排发达的棘刺，而它的背鳍、胸鳍和臀鳍也很发达，上面具有坚硬的钩刺。利用这些特殊的器官，攀鲈鱼不仅能够在淤泥中存活，还能干脆离开水，寻找新的栖身之地呢。攀鲈鱼行走的姿势跟海豹很像，它们用胸鳍支撑躯体，左右摆动尾鳍，然后慢慢地向前挪动。

攀鲈鱼一般以小鱼、小虾、浮游动物、昆虫及其幼虫等为食。为了捕食空中的昆虫，它们常常攀爬上岸边的树。

"缘木求鱼"这个成语是讽刺人们爬到树上去找鱼，是在干傻事。但是，看过了有关攀鲈鱼的介绍，你还认为树上找不到鱼吗?

关于水质，我们没那么挑

攀鲈鱼经常成群结队地在一起生活，十分团结，如果有别的鱼类胆敢欺负其中任何一条攀鲈鱼，其他的攀鲈鱼便会群起而攻之，义无反顾地为朋友出头，是不是很讲"义气"呢？

攀鲈鱼对水质的要求很低，虽然是淡水鱼类，但是它们既能生活在淡水环境中，也能生活在咸水环境中。野外生存的攀鲈鱼喜欢居住在水流较为缓慢的、淤泥多的水塘里面，要是不注意观察还不容易发现它们呢。

攀鲈鱼具有十分顽强的生命力，当生活的环境被污染，例如水质变质发臭导致其他鱼类都无法生存时，它们却依然可以顽强地活着。虽然攀鲈鱼具有顽强的生命力，但是它们也不喜欢生活在受污染的水里，一旦有了合适的时机，它们就会"搬家"。每当下过大雨，水位上涨后，鱼儿们就会时而摆动鳃盖和胸鳍，时而翻滚着前进，以顽强的毅力和坚忍不拔的精神爬上河岸，穿越坡地，去寻找适宜它们生活的新家园。

海象

我能用牙齿走路

在北冰洋附近的冰面上，一头雌海象带着一头小海象在冰面上嬉戏玩闹，小海象的个头看上去比"妈妈"小了许多。"妈妈"有时用前鳍抱着小海象，有时让小海象骑在自己背上，娘俩玩得十分开心。这时，远处传来了一阵怒吼，原来是前方来了敌人。雌海象赶快把小海象放在自己的背上，接着用尖尖的獠牙勾住冰面，带动它那庞大的身躯迅速地向海象群的方向移动。

天哪，海象的牙齿竟然是用来走路的？！

粗糙的皮肤

牙齿也能用来走路哦！

海象是海里的大象吗

海象体内的血液占整个体重的20%

一生中大部分时间都用来睡觉

海象，顾名思义，就是海里的大象。那么它们是不是也像大象那样拥有长长的鼻子呢？不是！海象并不是因为拥有长鼻子才被叫作海象的，而是因为它们拥有跟大象一样又长又大的牙。

单从外形来看，海象的相貌十分丑陋：脑袋圆圆的，嘴巴短而阔，大大的鼻子，小小的眼睛，没有耳郭，身形庞大，皮肤粗糙，像老树皮一样，最引人注目的就是它那一对巨大的长牙。虽然海象的相貌丑陋，但通常还是比较友善的，只有在受到骚扰的时候才会怒吼、咆哮。

海象终生都生活在北极圈内，因而有北半球"土著"居民之称。

海象看上去样子十分笨拙，但是它们在水里行动起来十分敏捷。它们可以不停地游泳，像软式飞艇那样从容不迫地向前滑行，在锯齿状岩石附近汹涌的波涛中安全地游来游去。此外，海象还是最出色的潜水能手呢。海象在潜入海底后，可在水下滞留2小时，一旦需要新鲜空气，只需3分钟就能浮出水面，而且无须减压过程。海象之所以拥有这一特殊本领，主要得益于它们体内丰富的血液，海象体内的血液占整个体重的20%，而人类的血液仅占体重的7%。

冰面好光滑啊。

海象天生喜欢群居，它们常常数千头簇拥在一起。每年夏季，它们便会成群结队游到大陆和岛屿的岸边，或者爬到大块冰山上晒晒太阳。海象的视力很差，两只小眼睛眯缝着，像极了缺乏活力的老头子。不仅如此，海象还十分喜欢睡懒觉，它们一生中大部分时间都是在睡眠中度过的。

海象的 "第五只脚"

海象的学名，若直译过来就是"用牙一起步行者"，为什么海象会有这样一个怪异的名称呢？原来，海象的四肢非常短，而獠牙

嘿嘿，又可以饱餐一顿了。

咦，发生什么事情了？

谁啊，那么讨厌，打扰到人家休息啦！

则很长，当它在冰面上行走时，由于四肢无法支撑庞大的身躯在光滑的冰面上行走，此时，它就必须依靠这对长牙了。当海象在冰面上行走的时候，会将后肢弯向前方，獠牙一边刺向面前的坚冰，一边支撑着身体前进。这时候，从獠牙所起的作用来看，它们就相当于是海象的"第五只脚"。

万能獠牙：是工具更是武器

当然了，海象的獠牙不仅仅是用来走路的，它们还担负着很多重任，如寻找食物或争斗等。

当海象潜入海底觅食时，它会用坚硬的獠牙不断地挖掘泥沙，找出那些潜藏在泥沙中的软体动物和其他海洋动物。当两头雄海象为了争夺配偶而互不相让时，獠牙又派上用场了。它们会挥舞着利剑般的獠牙互相攻击，直到一方获胜。尽管海象会为了争夺配偶而大打出手，但你要是就此认为海象是十分凶残的动物那可就错了。

其实海象还是很绅士的，它们不会真的要争个你死我活，一旦其中一方被刺中一下之后，它们就会马上表示臣服，放弃争斗。而获胜的一方也不会赶尽杀绝，一旦获胜就会满意而归。

除此之外，獠牙还是海象防御外敌强有力的武器。每当有外敌来袭时，海象就会将长长的獠牙对准对手，只等对手一发动进攻就在它们身上刺出两个血窟窿来。不过遗憾的是，海象通常等不到这样的机会，因为对手一旦看到海象长长的獠牙，早就吓得魂飞魄散，逃之夭夭了。

亚马孙流域上游的一条河流中，杂草丛生，一队前来探险的西班牙人准备渡河，可是帮忙搬行李的印第安人面露惧色，拒绝蹚水过去。西班牙人十分不解，于是他们径直走进了水里，准备给印第安人做个榜样。谁料第一个下水的人没走几步，竟然大叫一声，然后便直挺挺地倒下了。这可把岸上的西班牙人吓坏了，他们连忙下去准备把同伴给救上来，谁知，下去救人的两个人竟然也没能幸免，同样直挺挺地倒在了水里。

　　这下西班牙人彻底慌了，到底发生了什么事情呢？

电鳗

我的身体能发电

虽然我的视力不好，但是这并不影响我的生活。

电脉冲

有眼睛但看不见

原来，水底潜伏着一条体长约1.5 米～2 米，重约20 千克的电鳗，电鳗放电将下水的西班牙人给击晕了。

天啊，世界上竟然有能放电的鱼？！

电鳗是一种生活在南美洲的亚马孙流域以及圭亚那河、奥里诺科流域的淡水鱼，电鳗虽然名字里面有一个鳗字，却不是真正的鳗类，在生物分类上电鳗与鲇鱼更为接近，皆属于骨鳔总目。

电鳗体形修长，浑身呈圆柱形，它们身上没有鳞片，身后拖着一条长长的尾巴，占全身体长的近4/5。电鳗的尾鳍和背鳍已经退化了，但是在尾巴上有一个长形的臀鳍，它们就是依靠臀鳍的摆动来游动的。

电鳗行动迟缓，喜欢在缓缓流动的河底潜伏，偶尔会浮上水面透透气。不仅如此，电鳗还是一个标准的"夜猫子"呢，它们喜欢

背鳍已经退化

尾鳍已经退化

身上没有鳞片

长形臀鳍

昼伏夜出。由于电鳗长期生活在浑浊的泥水里，它们的眼睛逐渐地发生了退化，变成了名副其实的"睁眼瞎"。不过你可不用担心它们因为看不见就会横冲直撞或者被饿死，电鳗并不是依靠眼睛来探路和捕食的，而是依靠体内的"电脉冲"。

水下"活体发电机"

别看电鳗其貌不扬，它可是淡水鱼类中放电能力最强的，号称"活体发电机"。人们通过研究发现，电鳗输出的电压在300伏～800伏，足以致命。也正因为如此，电鳗便有了水中"高压线"的称号。

那么，电鳗是如何放电的呢？原来，电鳗特异的放电能力来自它特化的肌肉组织所构成的放电体。电鳗的肛门位于鳃盖下方，其后的肌肉组织几乎都能放电，也就是说，电鳗能够放电的肌肉组织占80%以上。一条电鳗身上有数以千计的放电体，每个放电体约可制造0.15伏的电压，而当数千个放电体一起全力放电时的电压便高达300伏～800伏。有人计算过，把1万条电鳗的电能聚集在一起的话，足以让一列电力机车运行好几分钟呢。

"电动"捕鱼小能手

电鳗为什么会放电呢？难道是为了耍酷？当然不是啦！电鳗放电主要是出于生存的需要。电鳗要捕获其他鱼类和水生生物，放电就是其获取猎物的一种手段。电鳗所释放的电量，能够轻而易举地把比它小的动物击毙，甚至比它大的动物也难逃一劫。不过，电鳗所释放的高电压只能持续很短的时间，而且也无法持续放电。电鳗每放一次电后，大概要经过一昼夜的时间才能继续放电，而且随着年龄的增长，其放电能力也会渐渐退化。每次要放出什么程度的电力，电鳗能够控制自如，假如它放出的电力很低，那么极有可能是在警告或试探。

你或许会有这样的疑问，电鳗放电会电到自己或同类吗？不会！因为电鳗体内的脂肪组织有很好的绝缘作用，而且电鳗本身已经适应了微弱的带电环境。

尽管电鳗是在夜里活动的，但是它根本就不愁吃的，只要发现周围有鱼群，它们就会迅速放电，刹那间，水中的小鱼小虾以及青蛙之类的"水产品"便会一个个翻着白眼、肚皮朝上，一命呜呼了。这时，电鳗便会拖着长长的尾巴，去大口地吞食那些倒霉蛋。

剑鱼

我的身上有把剑

巴尔巴拉

第二次世界大战时期，英国的一艘油船"巴尔巴拉"号在大西洋上航行，突然船员们看到远处有一个细长的黑东西，正在飞快地向油船扑来。紧接着，海水从一个大窟窿涌进了船舱。到底发生了什么事情？难道油船遭到了鱼雷的袭击？不是的！原来，袭击油船的不是鱼雷，而是剑鱼。剑鱼用它那上颌突出的锐利的"剑"穿透了船舷……最后，剑鱼还没来得及拔出长"剑"，便乖乖地做了俘虏。可是，剑鱼为什么这么爱"舞剑"呢？

请叫我"剑鱼"，叫"箭鱼"也行

在大西洋、印度洋和太平洋里，生活着一种很奇特的鱼，它们的身体呈梭形，背部是深褐色的，腹部银灰色，身长一般为3米，最长的有5米。最奇特的要数它们的上颌了，又尖又长，像一把锋利的宝剑，直伸向前方。由于其上颌呈剑状，于是人们便给它取了一个很形象的名字——剑鱼。

剑鱼是一种性情十分凶猛的海洋生物，被称为食肉性"鱼霸"。它们活跃在上中水层，当它们游动的时候，常常会将头和背鳍露出水面，用宝剑般的上颌劈水前进。

剑鱼在海洋中的游行速度可以达到130千米/时，比我国高速公路上正常行驶的汽车还要快一些。

剑鱼为什么会游得那么快呢？这跟它的体形有着密切的关系。它拥有一个十分典型的流线型身体，体表光滑，上颌长而尖，尾柄强壮有力，能产生巨大的推动力。当它飞速向前游泳时，长矛般的长颌起着劈水前进的作用。因为剑鱼游起来像离弦之箭，因而也有"箭鱼"这个称谓。

剑鱼"舞剑"，意在捕鱼

剑鱼为什么那么热衷"舞剑"呢？其实，剑鱼"舞剑"是醉翁之意不在酒——在"鱼"呀！每当剑鱼看到有鱼群的时候，它就会冲着鱼群猛冲过去，在鱼群中横冲直撞，许多鱼儿就会被它的利剑刺伤或撞死，之后，剑鱼就可以慢慢享用丰盛的美味了。严格说起来，"舞剑"是剑鱼获得食物的一种方法。当然了，除了获取食物，"舞剑"也可以用来自卫。每当别的鱼类看到剑鱼在舞弄吻前的长剑，都会吓得溜之大吉，就连虎鲸、食人鲨看到剑鱼也会退避三舍呢。

攻击船只：故意还是误伤

剑鱼最令人奇怪也最令人头疼的举动，是它们常常会对海上的船只发起攻击。早在1886年11月，美国的一艘快速帆船在从科伦坡驶往伦敦的途中，船员们钓到了一条剑鱼，不料，这条狂怒的剑鱼猛烈地冲撞船只，竟然将用铜板包着的船壳撞破了，最终导致船舱进水沉没。

剑鱼强大的冲击力导致的船毁货失的例子屡见

不鲜。剑鱼可以从船底的一侧冲进，从另一侧冲出，使船上留下两个窟窿。据测算，剑鱼在攻击船只时剑尖上所凝聚的冲击力，相当于铁锤敲击物体时所产生打击力的 15 倍，力量十分惊人。

目前为止，人们还是没有弄明白剑鱼为什么会攻击船只，学术界主要有三种解释：第一种认为剑鱼的游速极快，它们在急游中来不及避开船只，所以常与船只碰撞，将利"剑"刺了进去。第二种认为剑鱼具有攻击鲸类的习性，错把海上行驶的船只当成鲸类，因而才会发动攻击。第三种认为由于海上行驶的船只干扰了剑鱼，激怒了它们，因此它们会发动攻击。

不过呢，剑鱼攻击船只对它们来说并不是有利无害的，它们这样做也会给自己带来很大的麻烦，当它们长长的"利剑"刺进木船之后，有时会拔不出来，要想恢复自由，除非折断吻部。

魔鬼鲨
会自爆的深海怪鱼

　　海洋里，一条鲨鱼正悠闲地游弋。突然，一张大网铺天盖地朝它扑来，它躲避不及，被罩在了网里。鲨鱼十分愤怒，焦虑不安地朝四处游动，试图找到一个出口，但很快，它就发现自己的努力徒劳无功。它心有不甘，开始不停地撕咬渔网，但它的嘴反而被渔网上的倒刺给划破了，鲜血涌了出来，海水被染红了。

　　眼看着逃生无望，那条鲨鱼不再撕咬渔网，只见它的身体膨胀了起来，变得很肥大，突然"嘭——"的一声，那条鲨鱼竟然爆炸了！

　　天啊！究竟发生了什么事情呢？

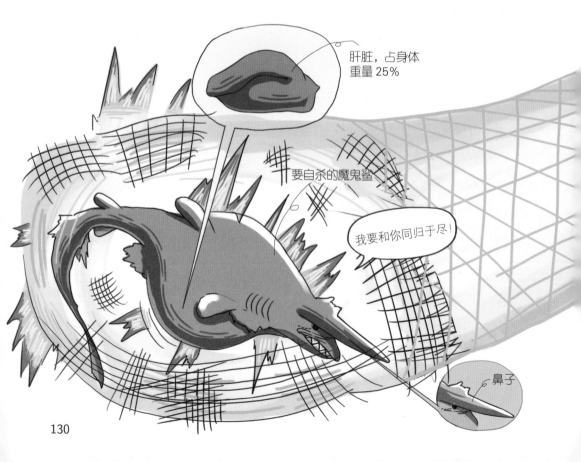

肝脏，占身体
重量 25%

要自杀的魔鬼鲨

我要和你同归于尽！

鼻子

这条鱼居然自己爆炸了

跑不了了。

那条鲨鱼为什么会爆炸？难道是渔民在海里丢了炸弹？

当然不是！那条鲨鱼是自己爆炸的！

什么？鲨鱼自杀了？！这未免也太离谱了吧！

自杀式爆炸的鲨鱼名叫哥布林鲨鱼，又名欧氏剑吻鲨（欧氏尖吻鲛），是尖吻鲨科（尖吻鲛科）下的唯一一个物种。由于拥有尖牙利齿，异常凶猛，因此人们又习惯称哥布林鲨鱼为"魔鬼鲨"，以至于它的本名倒很少有人知道。

魔鬼鲨经常出没于阳光照射不到的深海。它们广泛分布在世界各地温带和热带的海域，从太平洋的澳大利亚至大西洋的墨西哥湾都能找到它们，但最先是在日本的海域被发现。

魔鬼鲨是凶猛的肉食性动物，主要以鱿鱼、蟹及深海鱼类为食物，在深海里，它们很少有敌人。

由于人们对其生命及繁殖的习性所知甚少，人们推测，作为鼠鲨目一分子的它们是卵胎生的，也就是说，它们的受精卵会在母体内孵化，出生时已经是一头幼鲨。

丑丑的，怪怪的

魔鬼鲨的长相丑陋凶狠，样子十分狰狞，仅仅是远远地看到它，都会让人望而生畏。

魔鬼鲨的身体呈粉红色，这在鲨鱼中十分独特。这是因为它浑身上下的皮肤是半透明的，能够隐约看到它身体里的血管。

魔鬼鲨总体呈圆柱形，身长大约 3 米，眼睛很小，长有一个十分怪异像短剑一样突出的长鼻子，甚至比以凶猛残忍著称的虎鲨还要长还要尖。你可别小看这个长鼻子，它的作用可大着呢！它充当了一个接收器，能够帮助魔鬼鲨锁定猎物。

魔鬼鲨的两颌前移形成鸟喙状，可以突然伸出攫取猎物。它的颚部可以自由伸缩，当收缩的时候，外观就像是一头粉红色而长吻的

看起来确实丑丑的，怪怪的。

沙虎鲨。在双颚上，布满了锋利的牙齿，就像是一把把直立的三角刮刀，寒光闪烁，那些锋利的牙齿能够将任何猎物拖入口中。

魔鬼鲨的肝脏占到了身体重量的 25%，但是，到目前为止，人们还不清楚为何它们的肝脏会如此大。

世上还没有完整的魔鬼鲨标本

对于这个深海居民，人们知之甚少。只知道它凶猛异常，会攻击人类。但是，其特别之处并不在于凶猛，而在于它的自杀式爆炸。到目前为止，世界上还从来没有过一具完整的魔鬼鲨标本，因为这种鲨鱼的性情十分刚烈，当它深陷困境而无法脱身时，就会自我爆炸。因而，在一般情况下，人们见到的只不过是它支离破碎的残体。

魔鬼鲨为什么会爆炸呢？它们是如何自我爆炸的呢？有人指出，当被捕入渔网几经挣扎不得脱身时，魔鬼鲨就会通过自身类似鱼鳔的肌体压强变化，而膨胀起来，最后自行爆炸成大大小小的碎块。宁可粉身碎骨也不愿被人活捉而成为阶下囚，看来，魔鬼鲨很有宁死不屈的骨气呢！

宁可粉身碎骨，也不愿成为阶下囚。

动物特征 小测验

1. 长颈鹿遇到天敌的时候，选择的唯一方式就是立即以_____的速度逃命。

① 40 千米 / 时　　　　　　　② 70 千米 / 时

③ 100 千米 / 时　　　　　　④ 120 千米 / 时

2. 眼镜猴的眼球直径有_____以上，重达 3 克，比它的大脑还要重呢。

① 1 厘米　　② 2 厘米　　③ 3 厘米　　④ 厘米

3. 工蚁担负着_____的繁重任务。

① 修建巢穴、照料幼虫　　　② 站岗放哨、保卫家园

③ 产卵交配、生儿育女　　　④ 抵御侵略、蛀蚀木材

4. "天才建筑师"是指_____。

① 蜜蜂　　② 獾　　③ 河狸　　④ 杜鹃

5. 科学家研究发现，_____的建筑结构，密合度最高、所需材料最少、可使用空间最大。

① 圆形　　② 梯形　　③ 正方形　　④ 正六角形

6._____是世界上最不称职的母亲。

① 画眉　　　　② 鸳鸯　　　　③ 杜鹃　　　　④ 犀鸟

7._____是哺乳动物当中跳得最高最远的。

① 松鼠　　　　② 眼镜猴　　　③ 袋鼠　　　　④ 鸵鸟

8. 电鳗是依靠_____来探路和捕食的。

① 超声波　　　② 电脉冲　　　③ 眼睛　　　　④ 双鳍

9._____是海洋动物中游速最快的。

① 剑鱼　　　　② 虎鲸　　　　③ 海狗　　　　④ 海象

全副武装：眼睛上都有甲片

刚刚那只从眼睛里喷血击退响尾蛇的小家伙名叫角蜥，是蜥蜴的一种。角蜥体长7厘米～15厘米，体型肥胖，尾巴粗扁，末端很尖，十分牢固，不易被折断，这点跟蜥蜴不同，因为蜥蜴的尾巴极易折断。角蜥最奇特的地方，是它浑身长满刺状鳞片，尤其是头部，还有放射状排列的尖棘，被它扎一下可不是闹着玩的。这也是人们称之为"角蜥"的原因。由于角蜥的外形跟蟾蜍（癞蛤蟆）很像，因此人们又称其为角蟾。

角蜥主要分为澳洲角蜥与北美沙漠角蜥，均分布在非常干旱的地方，好在它们可以从食物中获取水分。角蜥主要以小型昆虫为食，特别是随处可见的蚂蚁。可别以为蚂蚁就会乖乖地束手就擒，无论是生活在澳洲的犬蚁还是生活在北美洲的火蚁，它们可都拥有数一数二的化学武器，人们对它们都是敬而远之，那小小的角蜥能够顺利捕获它们吗？有句老话叫作"卤水点豆腐，一物降一物"，还真是这样的！由于角蜥的身上覆盖着坚硬的鳞甲，就连最脆弱的眼睛也是可以关闭的，可以说是武装到了牙齿，因此就算蚂蚁再凶再厉害也只能沦为角蜥的美餐。

武装完毕！

小小角蜥，本领高超

　　尽管角蜥个头小小的，力气也不大，而且没有毒，这样的体型在自然界是很吃亏的，几乎是个掠食者就能吞掉它，但是小小的角蜥竟然在残酷的竞争中生存了下来，这是因为它拥有一身抵御外敌的本领。

　　首先，角蜥有良好的保护色。它生活在缺水的热带沙漠中，其肤色能够随着季节的冷热变化而变化，天热时其肤色较浅，冷时其肤色较深，这样可以调节身体吸收阳光热量的程度。此外，它拥有神奇的拟态本领，能模仿沙砾的颜色和形状。当它俯卧在沙漠中时，体色几乎和沙砾一模一样。角蜥的保护色不仅可以帮助它逃避敌害的袭击，还能迷惑猎物。它们常常静静地待着一动不动，一旦猎物误认为它们是沙砾向其走来，角蜥就会张开大嘴一口将猎物吞下。

其次，角蜥的头上长着角，身体和尾部生有许多又尖又硬的鳞片，每张鳞片都像一把锋利的匕首。聪明的你一定猜到了，这便是角蜥重要的防身武器。当它们遇到敌人时，便会不停地晃动着头上的利角向对方发出警告："嘿，你要尝尝我的厉害吗？"

若是这样还不能把对方吓跑，那么角蜥就会使出终极必杀技了——从眼睛里喷出鲜血来攻击对方。当它遇到危险时，会先把肚皮鼓得很大，像打足了气的皮球。它身上的每根角刺都会直竖起来，眼睛开始变红，接着会从眼睛里喷出一股鲜血，像火龙一样射向"敌人"。侵害它的动物看到这样喷血的怪物，无不退让三分，逃之夭夭。

唬住一个是一个

看到前面的介绍，你也许会觉得角蜥"血眼喷人"是很厉害的。这次你可猜错了！其实，"血眼喷人"只不过是虚张声势而已，并没有什么杀伤力。科学家通过研究了解到，角蜥是将身上的血抽至眼球与颅骨间的空隙，然后再"开火"的。但是这股血液无法对敌人造成任何伤害，只能起到恐吓的作用，不过呢，大多数捕食者都会被吓得逃之夭夭，而角蜥就会趁机赶紧躲到安全的地方。

角蜥从眼睛里喷出血液之后，会不会对它造成伤害呢？这个你就不用担心啦！从眼睛里射出血液不会对角蜥造成任何伤害。当角蜥受到攻击时，其眼皮上的毛细血管就会破裂，血液就会通过眼角上的小孔喷射出来。这些毛细血管的再生能力很强，破裂之后会马上愈合。

所以，当角蜥从眼睛喷出血液之后，仍然可以正常地生存下去。

鳄鱼

非常危险的爬行动物

干旱将所有的动物都逼到了绝境，原有的水源陆续干涸，一群口干舌燥的羚羊在草原上漫无目的地走着，这时，走在前面的一只羚羊发现前面不远处有水源，它招呼大家赶快过去。焦渴难耐的羚羊狂奔起来，前面果然有一个水塘，尽管里面的水十分浑浊，但此时已经顾不了那么多了，它们围成一圈开始饮水。

突然水中有了动静，一条巨大的鳄鱼一跃而起，咬住了一只羚羊的脖子，将它拖入了水中，其他的羚羊被突如其来的变故吓得一哄而散，而鳄鱼则开始慢慢享用美味的午餐。

凶恶的爬行兽

我才不怕呢，这些牙很快会再长出来！

鳄鱼是现存最大、最危险的爬行动物，也是爬行动物中最高级的一类。现存的鳄鱼有20多种，生活在世界各地的热带地区。尽管它们的栖息地不同，大小、习性也不同，但都有着凶恶的外表。

鳄鱼的身躯细长，多为橄榄绿，后背和尾巴上有些深色的十字条纹；皮肤上有大片起保护作用的角质鳞甲。它的腿很短，后脚呈蹼状，粗扁的尾巴很重，起着舵与桨的功能，不仅能够控制方向还能帮助它在水里游动。

鳄鱼的眼睛和鼻孔是向外突出的，微微高出其扁平的头部，这样一来，即使鳄鱼其他的身体部位浸在水中，它也能看见东西，能够呼吸。鳄鱼的耳朵上长有耳瓣，当它把脑袋浸入水中时，耳瓣就会闭上，防止水进入里面。此外，鳄鱼嘴的后部还有一个隔层，能够将空气通道和食道隔离开，这样，即使在水下张开嘴巴，鳄鱼也能够呼吸，而不用担心会窒息。

鳄鱼的颚肌强而有力，牙齿锋利强韧，好似一排排长在嘴里的小匕首，有的鳄鱼即使合上嘴巴，下面的牙齿也是露在外面的。在鳄鱼的一生中，它会有数百颗牙齿——不过这些牙齿并不是同时长出来的。鳄鱼在捕食的时候时常会弄断或丢失牙齿，但是你不用担心，因为新牙很快就会长出来。

不论雌雄，鳄鱼都长有一对麝香腺，在下巴底下，麝香腺能够分泌麝香——一种气味很浓的物质，可以吸引异性。

唉，真可怜啊，跟我同时代的伙伴都变成化石了。

我的历史有恐龙那么久

　　鳄鱼总是给人一副凶巴巴的样子。而它之所以会有这副尊容，其实就是为了吃肉，很多动物包括人都是它的食物，因而再凶猛的动物见了它也只能以守为攻，主动避让，绝不敢轻易招惹它。

　　说起来，尽管鳄鱼很凶，它跟恐龙可是同时代的动物呢。鳄鱼是迄今为止发现的活着的最早和最原始的动物之一，它是在三叠纪至白垩纪的中生代（约两亿年以前）由两栖类进化而来，延续至今仍是生性凶猛的爬行动物。不管恐龙的灭绝是受到了环境的影响还是自身的原因，鳄鱼奇迹般地存活了下来，这就不得不让人佩服其顽强的生命力。

看起来很笨拙，动起来很灵活

　　鳄鱼是肉食性动物，以昆虫、蛙、蜗牛、鱼、龟、鸟及大型的哺乳动物为食。别看鳄鱼的外貌似乎十分笨拙，实际上它行动起来相当灵活，不仅如此，它还十分狡猾。

　　鳄鱼在捕猎的时候十分耐心，它们会一动不动地潜伏在水里好几个小时，静静地等待最佳的捕猎时机。它们将整个身体藏在水中，只留下眼睛、耳朵和鼻子突出在水面上，远远看去，就像一截漂在水上的枯木。鳄鱼的视觉和听觉都十分敏锐，一旦发现岸边有猎物时，这截"枯木"便会神不知鬼不觉地移向岸边，到了合适的位置，它们便会以迅雷不及掩耳之势扑向猎物，将其咬住并拖入水中淹死。几番挣扎之后，猎物就成了鳄鱼的美食。

　　鳄鱼十分凶残，吃相也相当野蛮。它们吃东西的时候喜欢"狼吞虎咽"，并不把食物嚼碎；如果猎物太大，无法整个吞下，鳄鱼便会咬住并扭转猎物的身体，将其撕碎后再吞下。

我可不是枯木哦！

午后，太阳火辣辣地炙烤着大地，南美洲的亚马孙河，由于正是旱季，水位比以往低了很多。一头牛步履蹒跚地来到了河边，它俯下身子开始大口地喝水，看起来像是很久没有喝水了。由于水位很低，它干脆来到了河中央，正当它准备痛饮的时候，突然一个趔趄，倒在了河里，它挣扎了几下，但是没能再起来，像是水下有东西拽着它似的。

不一会儿的工夫，河水便被染成了一片红色，而那头牛早已不见了踪影。

究竟发生了什么事情呢?

食人鱼

藏在水下的"狼族"

个头很小的水下猛兽

原来，那头牛是被河里的食人鱼盯上了，它们三下五除二便将落水的牛吃得干干净净。

食人鱼又名食人鲳，是一种栖息在巴西亚马孙河流域中的恐怖鱼类，并且还被列为当地最危险的四种水族生物之首。

据统计，每年在亚马孙河流域中，大约有 1200 头牛被食人鱼吃掉，另有一些在水中玩耍的孩子和洗衣服的妇女也会时不时地受到它们的攻击。由于食人鱼这种凶残的特点，它们又被称为"水中狼族"或"水鬼"。

听上去好恐怖啊！那食人鱼的个头一定很大吧，要不然，它们怎么能够攻击牛那么大型的动物呢？要是你亲眼见到了食人鱼，一定会大跌眼镜，因为食人鱼的个头很小，体长只有 15 厘米～ 24 厘米！成熟的食人鱼雌雄外观相似，它们的身体呈侧扁形，有点儿像鲳鱼，体色非常华美，具有鲜绿色的背部和鲜红色的腹部，体侧有斑纹，长着一对大而圆的眼睛以及大嘴巴、凸嘴唇。其两颚短而有力，下颚突出，有上下两排呈三角形的利齿，你可别小看这些牙齿哦，它们可比钢刀还要锋利呢。

俗话说："人不可貌相。"你可千万别小看这种小而不起眼的鱼类，尽管它们的个头很小，但是凶猛无比，拥有大型野兽的攻击力呢！

钢制鱼钩，一口就咬断

你一定十分好奇，食人鱼的个头那么小，它们如何能够杀死比自己大得多的牛？竟然还敢攻击人类？它们是吃了熊心豹子胆了吗？

你猜得没错，食人鱼的胆子的确很大，因此即使遇到比自己大得多的猎物，它们也会毫不犹豫地上前攻击。不仅如此，它们在攻击猎物的时候，还有一套行之有效的"围剿战略"。在猎食的时候，它们会先咬住猎物的致命部位，如眼睛或尾巴，使其失去逃生的能力，然后再成群结队地轮番对猎物进行攻击。别看平时食人鱼游起来慢吞吞的，可是在攻击猎物时的速度却是快得让人难以置信。

此外，食人鱼的颈部很短小，但是它们的头骨异常坚硬，牙齿也十分锐利，其上下颚的咬合力大得惊人，能够咬穿牛皮甚至硬木板，能把钢制的钓鱼钩一口就咬断。一旦咬住猎物之后，它们便不会松口，然后会不断地扭动身体，将猎物身上的肉给撕下来，食人鱼一口可咬下 16 立方厘米的肉。

别看鳄鱼在水里称王称霸，但是一旦遇到食人鱼之后，它们便泄气了，会吓得缩成一团，并且迅速将身体翻过来，来一个"肚皮朝天"，即坚硬的背部朝下，软腹朝上，漂浮到水面上。这样一来，即使食人鱼再厉害，面对坚硬的鳄鱼背也无从下口，咬来咬去，就像咬在石头上一样，最后只好悻悻而去。待食人鱼离开之后，死里逃生的鳄鱼便会立即翻转身体，仓皇逃命。

看看吧，连鳄鱼遇到食人鱼之后也只能选择逃避，除此之外便无计可施，其他的鱼类当然就更不是它的对手了。

鱼来疯：同伴越多越凶猛

虽然食人鱼十分凶悍，但是它们也有弱点，那就是它们的游速不够快，这对于许多鱼类而言，无疑是值得庆幸的一件事。

食人鱼游速慢的原因是它们那副铁饼状的体形，为什么长期的进化没有赋予它们一副苗条的流线型身材呢？科学家们认为，食人鱼铁饼状的体形，是它们辨认同伴的一个重要的外观标识，这个标识起到了阻止食人鱼同类相残的作用。

食人鱼变成胆小鬼

除了凶猛的个性外，食人鱼还有一种十分独特的秉性，这就是成群结队地活动，也只有在成群结队时它们才会凶狠无比。一旦发现猎物，它们便如脱弦的利箭，成百上千地蜂拥而上，猎物再大，也毫不在乎。

但是，一旦离开了鱼群，食人鱼就会变得胆小无比。有的鱼类爱好者曾将食人鱼养在玻璃缸中，当客人凑近玻璃缸或是主人突然做了一个手势，素有"水鬼"之称的食人鱼竟然吓得缩到了鱼缸的角落里而不敢动弹。看来，平常成群结队时不可一世的食人鱼，一旦离开了群体，就变成了可怜兮兮的胆小鬼啦！

科莫多龙蜥

蜥蜴王国的"巨人"

森林里，一头公鹿正在散步，它的个头看上去要比别的鹿大许多，也强壮得多。当那头公鹿靠近一块深褐色的石块时，那个"石块"竟然动了，原来竟然是一只身形庞大的蜥蜴！它用强有力的尾巴将公鹿扫倒在地，接着张开血盆大口咬住了公鹿的喉咙。在强烈的求生欲望下，公鹿开始不停地挣扎，好在巨蜥咬得不够深，公鹿很快便挣脱了，立马起身迅速逃走，脖子上还残留着巨蜥湿答答、脏兮兮的口水。

三天后，公鹿的尸体静静地躺在一个角落里，到底是谁杀死了公鹿呢？

口水中的细菌

牙齿中的毒腺

相貌狰狞的丑八怪

原来，袭击公鹿的动物名叫科莫多龙蜥，是一种巨型蜥蜴。现存的巨蜥有 30 多种，而科莫多龙蜥却是世界上个体最大的巨蜥，体长最长的可达 3 米，重 150 千克，可谓是蜥蜴王国中的"巨人"了。

我可是蜥蜴王国的"巨人"哦！

科莫多龙蜥生活在印度尼西亚的科莫多岛及其邻近的其他群岛中。单从外表上看，科莫多龙蜥十分丑陋：它身体很长，皮肤粗糙，生有许多隆起的疙瘩，浑身呈深褐色的，没有鳞片；它的四肢粗壮有力，善于挖掘洞穴，脚趾上有尖锐的爪子，能够帮助牙齿将食物撕成碎片；它有一条长长的尾巴，几乎等于身体和头部的总长度，尾巴的根部比较粗大，到尾尖逐渐变细了；它的头尤其大，在嘴里长满了锋利而尖锐的牙齿，细长的舌头跟其他的蜥蜴一样，前端有分叉。

科莫多龙蜥喜欢生活在海岸边潮湿的森林地带，而且善于游泳。它是一种肉食性动物，是一个标准的吃货，平均每天能吃掉 6 千克～ 8 千克的食物。它也不挑食，鸟类、昆虫乃至大型的哺乳动物等都是它的美味佳肴。有时它们还会到海边去散步，顺便改善一下生活，尝尝海鲜——取食一些被海浪冲上岸的鱼、蟹和软体动物等。

小心！这根尾巴很凶猛

　　每天清晨，科莫多龙蜥就会从洞穴里爬出来，它并不着急去寻找食物，而是先找到一块光照充足的岩石，躺在上面晒太阳，直到太阳将它的身体晒得暖暖的了，它才会去寻找食物。

　　科莫多龙蜥虽然是爬行动物，但是行动相当迟缓，那么它是如何捉到野猪、野鹿、羊、猴等行动迅速的动物的呢？原来它采用的捕食方式不是狂奔猛追，而是"守株待兔"。当它探查到猎物的踪迹之后，就会像一尊雕塑似的伪装起来，几小时一动不动地待在一个地方。只是偶尔略微抬起爪子，或者露出分叉的舌头，耐心地等待着猎物向它靠近。

　　一旦机会成熟，它就会慢慢地向猎物靠拢，直到两者的距离很近了，它便会发动突然袭击，而进攻的武器便是拖在身后的那长长的大尾巴。你可千万别小看那条扁而粗壮的尾巴，它能够像钢鞭一样将猎物扫倒在地，然

我在守株待兔呢，看看哪个倒霉鬼会自动送上门来！

有分叉的舌头

后科莫多龙蜥便用那尖利的牙齿一口咬住猎物的脖颈，使之毙命。

接着，科莫多龙蜥会将猎物拖到树丛里慢慢享用。要是食物太多，一次吃不完，它也不会浪费，因为它深知食物来之不易，它会将剩余的部分埋在沙土或草里，当下次饿肚子的时候再去吃。

当无法捕获活的猎物时，它们也会进食腐烂的动物尸体。它的舌头上长有敏感的嗅觉器官，所以它们在寻找食物的时候，总是会不停地摇头晃脑、吐舌头，别以为它是在做无用功，其实它是在寻找食物呢！靠着灵敏的嗅觉器官，科莫多龙蜥能闻到范围在1000米之内的腐肉气味。

生活在科莫多岛上的野鹿、野猪、山羊和各种猴子，一见到科莫多龙蜥便会逃之夭夭，谁会心甘情愿地成为别人的盘中餐呢？

毒液藏在口水里

被科莫多龙蜥咬过的动物，即便侥幸逃脱，没有当时毙命，也会在三天内身亡。一开始，人们以为这是因为科莫多龙蜥牙齿肮脏，被咬的动物因细菌侵袭而亡。但后来科学家研究发现，虽然它们的唾液中含有大量细菌，但真正致命的是它们下颚毒腺分泌的毒液。

研究发现，科莫多龙蜥分泌的毒液中含有许多种剧毒成分，其中包括扩张血管、导致血液无法凝固的物质，而这些东西能够导致哺乳动物血压迅速下降，甚至诱发昏迷。

致命的武器在这

　　花圃里，各种各样的植物都在生机勃勃地生长。可是，一株凤仙花上竟然密密麻麻地爬满了蚜虫，它们正在贪婪地吮吸着凤仙花的汁液，一个个肚子吃得鼓囊囊的。这时，一只蚂蚁爬上了凤仙花，莫非它是来帮助凤仙花消灭蚜虫的？接下来发生的一幕让人大跌眼镜——蚂蚁竟然爬到蚜虫的后面，轻轻地用触角碰了一下蚜虫的屁股，一会儿之后，一滴晶莹剔透的类似露珠的东西就流了出来，蚂蚁大口吮吸着，吸完那些"露珠"，蚂蚁就爬走了。

　　蚂蚁和蚜虫居然能够友好相处？这究竟是怎么回事呢？

蚂蚁

我是蚜虫的守护者

蜜露：蚜虫的尿

众所周知，蚜虫会危害植物，农民伯伯尤其对它们恨之入骨，恨不能将它们赶尽杀绝，但是它们深得蚂蚁的喜爱。甚至，在蚜虫遇到危险的时候，蚂蚁还会挺身而出，这是为什么呢？

原来，蚂蚁这么做是为了获得食物——蚜虫的排泄物对于蚂蚁来说可是难得的美味啊。

天啊！排泄物竟然也能吃？先别忙着恶心，对于蚂蚁来说，蚜虫的排泄物不但能吃，还是佳肴呢。蚜虫主要靠吸食植物的汁液来生存，但是它们只能吸收其中的蛋白质等成分，而那些不需要的糖分则会随着排泄物而排出体外，于是便形成了一种透明、黏稠且含有大量糖分的特殊虫尿——蜜露。我们都知道，蚂蚁十分喜欢甜食，自然，蚜虫的蜜露也就深得蚂蚁的喜爱。

由于蚜虫排出的蜜露很多，有时甚至会像下雨一般掉落，这也就是天降"甘露"了！

其实，不光蚂蚁喜欢蚜虫的排泄物，这种"甘露"也深得中国古代帝王的喜爱，只是当时的人们以为这是天上降的"神物"，认为喝了之后不但可以延年益寿，甚至可以长生不老。很多帝王为了得到这难得的"甘露"不惜大兴土木。

为了蜜露，保护蚜虫

怎么尽可能多地喝到甘露呢？蚂蚁知道没有付出就没有回报的道理。于是，它们主动担当起"牧人"的职责，而它们的"羊群"，就是蚜虫了。

别看蚂蚁的个头很小，它们这些"牧人"当得可是十分称职呢。

蚜虫有很多天敌，像瓢虫、黄蜂、蜘蛛、螳螂都想置它们于死地，但是有了蚂蚁的保护，蚜虫面临的危险就少了很多。当蚜虫发现危险的时候，会释放出一种特殊气味的液体，向蚂蚁求助。蚂蚁一旦收到蚜虫的求救信号，就会立即赶来，张牙舞爪，上颚张开，前半身立起，做出战斗之势向蚜虫的天敌扑去，想把它们通通赶走。看到蚂蚁在，蚜虫可就高枕无忧了，摇摆着腹部，静等着危险过去。

除了帮助蚜虫赶跑敌人，如果蚜虫一不小心被大风吹到了地上，蚂蚁还会赶快跑过去，把蚜虫重新叼起来，放回到原处，而蚜虫也会配合地缩起脚来，方便蚂蚁搬运。

蚂蚁：相当专业的"牧人"

你可不要以为，蚂蚁只有这点儿"放牧"手段，它们给蚜虫提供的可是"一条龙"服务。

修建"牧场"。蚂蚁会在生有大量蚜虫的植物茎秆上抹上泥土，垒成土坝状，并在土坝两端各开一个缺口，作为出口和入口，蚜虫们在里面吸食植物汁液的时候，尽职尽责的蚂蚁侍卫们便会严格把守出入口，它们倒不是担心蚜虫偷偷溜掉，而是担心别的蚁群会来抢夺它们家的"羊群"——这可不是杞人忧天，蚁群之间为了争夺蚜虫而发生战争可是屡见不鲜。

分群饲养。如果蚜虫过多，"牧场"变得过分拥挤的话，蚂蚁们就会将一部分蚜虫驱赶到新建的"牧场"，将它们分群饲养，以保证它们吃好、住好，生产出更多的蜜露。

定时"挤奶"。蚂蚁不但会"放牧"，还会"挤奶"。为了能够享用更多美食，它们经常用触角拍打蚜虫的背部，催促蚜虫分泌蜜露，而后再把蜜露小心翼翼地运回巢穴保存起来，好等到以后慢慢享用。

育种繁殖。为了能够持续不断地喝到蜜露，蚂蚁还会为培育下一代蚜虫费尽心思。秋末冬初，蚜虫开始产卵，蚂蚁害怕它们被冻死，就会把蚜虫和卵搬到蚁穴里过冬。有时怕蚜卵受潮，影响孵化，在天气晴朗的日子里，它们还会把卵搬出来晒太阳。到次年春暖花开的时候，小蚜虫孵出了，蚂蚁就把它们搬到早发的树木和杂草的嫩叶上，以便它们更好地成长，为蚂蚁王国产生更多的蜜露，供更多的蚂蚁吸食。

看看，蚂蚁这个"牧人"真的是十分专业又敬业呢！

牙签鸟

我和鳄鱼
是好朋友

　　热带的沼泽中，一条大鳄鱼在饱餐一顿之后正懒洋洋地晒太阳呢！咦，竟然有一只小鸟落在了鳄鱼的背上，又蹦蹦跳跳地来到了鳄鱼半张的血盆大口里，在里面停留了好一会儿。这只小鸟胆子也太大了吧！它们竟然敢跑进鳄鱼的嘴巴里，难道不怕鳄鱼把它们一口吞下肚吗？

专给鳄鱼剔牙的小鸟

刚刚那只不知死活的小鸟便是牙签鸟，是一种体型非常小的鸟，其貌不扬，外表灰扑扑的。牙签鸟的胆子为什么那么大，它们不怕鳄鱼吗？

说起来，牙签鸟和鳄鱼可是好朋友呢。牙签鸟是专门替鳄鱼清理口腔的，它最大的特点就是长了一个细细长长的嘴巴。鳄鱼吃东西之后，牙缝里很容易嵌进肉屑残质，而肉屑又会慢慢地腐败生蛆，伤害鳄鱼的牙齿。所以它们急需专属的"牙签"来帮助它们剔牙，而这种专属"牙签"就是牙签鸟。

当然，牙签鸟并不是出于"人道主义"援助精神，义务为鳄鱼剔牙的，鳄鱼牙缝中的残羹冷炙，正是牙签鸟的最佳食品。在鳄鱼的嘴巴里啄食这些食物，既填饱了自己的肚子，也帮鳄鱼清理了口腔，真是一举多得呢！

凶残的鳄鱼也懂温柔

我们都知道，鳄鱼十分凶残，它们动不动就张开血盆大口，露出一颗颗尖尖的牙齿，将伏在水边喝水的动物拖下水去吃掉。可是鳄鱼对牙签鸟的态度真是好得出奇。

当鳄鱼想要在暖暖的午后睡上一觉时，常常会有许多牙签鸟在它们背上飞来飞去，毫不客气地拍打着翅膀，被打扰到的鳄鱼竟然一点儿也不生气，而是乖乖地张开大嘴，让牙签鸟飞进去为自己清理牙齿，真是太神奇了！

可有的时候，鳄鱼还是会因为太困倦而睡过去，自然而然地将自己的嘴巴闭上，小小的牙签鸟会不会就此死掉呢？不会的，聪明的牙签鸟自有脱身之法，它们会用自己尖硬的喙轻轻地碰刺鳄鱼松软的口腔，告诉自己的朋友："贪睡的家伙，你把我关到你的嘴里了，快点儿让我出来！"这时鳄鱼就会立刻张大嘴巴，牙签鸟就可以继续工作或飞出来了。

因为牙签鸟与鳄鱼关系十分亲密，因而人们又称之为"鳄鱼鸟"。

一边剔牙，一边放哨

鳄鱼之所以对牙签鸟这么好，因为牙签鸟不仅能够帮助它们清理口腔，而且充当它们的"警卫"呢！

鳄鱼虽然很厉害，但它们也不是

天下无敌的。河马、大蟒蛇、老虎、美洲狮等都是鳄鱼的天敌。而牙签鸟生性十分机敏，即使在鳄鱼的牙缝里啄食残食时也格外警惕周围的一切，一旦有什么风吹草动，它们便会立即发觉，然后惊叫几声向鳄鱼报警。鳄鱼得到情报之后，便会做好迎战准备，或者潜入水底避难。

不仅如此，作为鳄鱼忠实的朋友，牙签鸟还会在鳄鱼的栖居地垒窝筑巢，生儿育女，并为鳄鱼站岗、放哨，只要周围稍有动静，牙签鸟就会惊声尖叫，这样鳄鱼便会提高警惕，做好准备，迎击来敌。

看来，牙签鸟这一朋友当得还真十分称职呢。

在加利福尼亚海湾，一条浑身红色的鱼正在水里不紧不慢地游着，它的肚皮鼓鼓的，一看就知道它吃饱喝足了，估计这会儿正在悠闲地散步呢。其实，这条鱼有一个很好听的名字——红鳍笛鲷。这时，一条小鱼从它的面前游过，红鳍笛鲷本能地张大了嘴巴，可怜的小鱼便一命呜呼了。咦？好奇怪！红鳍笛鲷的嘴巴里怎么没有舌头呢？仔细一看，在舌头的位置，居然有一只很小的虫子。这究竟是怎么回事呢？

不起眼的"吃木虫"

原来，潜伏在红鳍笛鲷嘴里的小虫子名叫蛀木水虱，这是一种很特别的等足动物，它们属于甲壳纲动物，也就是无脊椎动物。等足类动物有很多种，包括木虱、蛀木水虱等，它们几乎都生活在水中，生活习性也跟很多其他动物差不多。但是蛀木水虱是其中很奇特的一种，它们的食谱很特别，是以水里的藻类、木头等为食的，因而人们又称之为"吃木虫"。

蛀木水虱的个头很小，成虫大约只有 5 毫米长；它们的身体是长圆形的，大多数都是黄白色的；在头部长有两对等长的触角。

蛀木水虱喜欢在木材里面穴居，它们的这一生活习性对海港附近的建筑和船只造成了很大的危害，因为它们会在木船和码头上的木质建筑中安营扎寨，然后一点一点地啃噬木头。被它们啃噬的木质建筑就会变得脆弱不堪，稍有风吹草动便会轰然倒塌。这个小虫子破坏力很强，还真是令人讨厌呢。

消化酶

微生物

虽然蛀木水虱个头小小的，但是它们的本领可不小。有科学家研究发现，蛀木水虱与白蚁等其他以木材为食的动物不同，它们的体内并没有帮助其消化木质的微生物，因此它们完全是靠自己将木质纤维素分解为糖分，然后消化吸收的。科学家在它们体内发现了大量具备这种功能的酶，而有些酶在其他的动物体内从来没有发现过。

取而代之的"舌头"

大多数的蛀木水虱以水里的藻类、木头为食，自力更生，但是也有一些懒鬼，它们过着寄生的生活。生活在加利福尼亚海湾和科迪兹海的蛀木水虱喜欢寄生在红鳍笛鲷的舌头上，在红鳍笛鲷的嘴里安家落户。

嘿嘿，真好吃！

那些寄生在红鳍笛鲷舌头上的蛀木水虱会用它们带钩的腿（即甲壳动物的胸部附器）紧紧抓住红鳍笛鲷的舌头，然后慢慢地、一点一点地把红鳍笛鲷的舌头给吃光。

小小的蛀木水虱居然会这么残忍！你一定十分好奇，蛀木水虱吃掉了红鳍笛鲷的舌头，红鳍笛鲷会不会受到影响呢？它会不会因此而死去呢？当然不会。当蛀木水虱吃完红鳍笛鲷的舌头之后，它们会紧紧地抓住红鳍笛鲷的舌根，取而代之，成为红鳍笛鲷的舌头，并随着它一同成长。

此后，蛀木水虱就成了红鳍笛鲷的舌头，帮着鱼儿去捕捉猎物，而它自己呢，则把红鳍笛鲷进餐时漂浮的肉粒当作美味佳肴。想象一下，如果你的嘴里也有这样一条舌头……简直是太可怕了！

假如"舌头"溜走了

尽管蛀木水虱的行为看起来十分疯狂，但是对于红鳍笛鲷来说结果并不算十分糟糕，因为尽管舌头被蛀木水虱吃掉了，但并不妨碍红鳍笛鲷继续进食。不过有一点是十分可怕的，如果有一天寄生在红鳍笛鲷嘴里的蛀木水虱决定到别的鱼嘴里另辟新巢的话，那没有舌头的红鳍笛鲷就变得十分可怜了。

想象一下吧，一条年老体衰、被蛀木水虱抛弃了的红鳍笛鲷游弋在水里。它已经没有体力去追逐猎物了，偶尔有不走运的猎物撞到了它的嘴边，它赶紧张开了嘴——可是没有舌头……它会有多么凄惨的结局呢？

在海洋深处，靠近珊瑚礁的地方，有一只章鱼正在饿着肚子四处觅食。这时，眼尖的它发现前方不远处有一只小螃蟹，虽然个头看上去小小的，但是现在它可没心思挑食。它迅速地游到小螃蟹旁边，正准备下手，突然小螃蟹竟然挥动着双螯向它展开了攻击，章鱼躲闪不及，被击中了一只腕足，一阵刺痛袭来，章鱼顿时觉得头昏脑涨，渐渐失去了意识，等它逐渐清醒过来，小螃蟹早已不见了踪影。

咦?! 为什么小螃蟹一拳就把章鱼给打昏了? 它是不是有什么秘密武器呢?

拳击蟹

我和海葵一起战斗

从海底捡来的"拳击手套"

你猜得没错，小螃蟹的确拥有秘密武器，那就是"拳击手套"。咦?! 小螃蟹怎么会有"拳击手套"呢? 它究竟是什么东西?

那只小螃蟹名叫拳击蟹，看到名字就知道了，它一定是个"拳击高手"。拳击蟹是一种栖息于珊瑚礁中的小型蟹类，略透明的外壳上分布着浅紫色的细致纹路，模样非常精致。它们的个头特别小，壳的长度只有 1.5 厘米，理所当然成为许多动物喜爱的猎物。它们当然不能坐以待毙，当遇到对手时，就会挥舞着的双螯奋力反抗。但小螃蟹的螯毕竟力道有限，为了增加杀伤力，它们就给自己戴上了"拳击手套"。

这"拳击手套"是从何而来的呢? 那是它从海底捡到的。哈哈，这手套其实是海葵! 当遇到合适的海葵，拳击蟹就会捡起来，握在"手"中。当遇到危险的时候，它们会高高举起那对握有海葵的螯足，不断地四处挥舞，就像是拳击手戴着手套一样，每一次刺戳都会刺痛或刺死对手。

海葵为什么不逃跑

　　手握"海葵手套"的拳击蟹绝对是一名出色的"拳击手"。有人曾经看到一只拳击蟹击退过一只蓝环章鱼，可见它的防御是非常有效的。

　　拳击蟹之间也经常用海葵作为进攻的武器，但是这种争斗只是出于好玩儿，几乎不会用海葵触及对方，主要靠腿来格斗。

　　当一只成熟的拳击蟹到了要蜕皮的时候，它就必须放下海葵，等到它的新壳长硬以后，又会去抓新的海葵。如果它只找到一只海葵，就会把海葵一分为二（海葵有再生的能力）。

　　令人奇怪的是，在面对敌人时，海葵似乎并不反对被拳击蟹抓起自己并挥舞着进攻，至少我们没有见到过海葵临阵脱逃。这是为什么呢？原来海葵有了硬硬的蟹壳作伴，便能在水中游动时找到更多的食物为生。也许正是这个原因，才使得海葵宁愿生活在拳击蟹的双螯中吧。

保命要紧，打不过就跑

　　当然了，并不是每次遇到危险，拳击蟹都能够击退敌人，毕竟拳击蟹太娇小了，动作灵活的小型雀鲷、小丑鱼，或者不畏惧海葵刺伤害的鲽鱼、神仙鱼等根本对其视若无物。拳击蟹挥舞海葵警告的动

作反而会引起它
们的注意，让它
们对拳击蟹发
起进攻。

　　当拳击蟹
认为自己处于
劣势的时候，
也并不傻乎乎地
执着于战斗，而会
施展甲壳类生物一贯
的逃脱伎俩，或许会扔
掉海葵手套，或许干脆自断螯足，
总而言之，逃命最要紧。折断的螯足
会随着每次生长蜕壳而再生，失去的海
葵也可以再捡。要是没有了小命，
那可就什么都没有啦！

　　看来，拳击蟹挺聪明的，
还懂得"明哲保身"呢！

被抛弃的"手套"

逃命要紧啊！

　　动物园里，一只黑猩猩正在树上晒太阳，它看见一名工作人员拿着一大串香蕉过来了，它兴奋地跳下了树，准备大快朵颐。可是工作人员却走到了角落，把香蕉放在了一个木箱里。这时，一群伙伴走了过来，邀请它一起玩耍，它装作若无其事的样子跟伙伴们玩了起来。

　　到了晚上，等其他的同伴们都睡着了，那只黑猩猩却悄悄起身，蹑手蹑脚地来到了那个木箱旁，把香蕉吃了个精光。

　　天啊，这只黑猩猩未免也太精明了吧！

黑猩猩
憨憨的外表，聪明的大脑

黑乎乎的人类近亲

别看黑猩猩浑身上下黑乎乎的，长得也挺难看的，它可是人类的近亲呢！它们是与人类血缘最近的动物，也是除人类外智力水平最高的动物。

人脑

黑猩猩的大脑

黑猩猩可真聪明啊！

说起来，黑猩猩的许多习惯与人十分相似。生活在野外的黑猩猩能够熟练地用"手"，也就是它的前肢去使用工具。它们钓白蚁的技术相当高明：先准备好树枝，并进行简单的修整，当它们找到蚁穴后，就会把树枝捅入洞内。此时，白蚁以为是有外敌入侵，就会用颚死死咬住枝条，哪知这正中了黑猩猩的圈套。当黑猩猩估计有许多白蚁上当时，就会把枝条从蚁穴中拔出，放在嘴里，把上面的白蚁一个不落地舔干净，然后再继续钓。

不仅如此，它们还能表现出高兴、生气、悲伤等各种表情。当它们见面时会大声地喊叫，以表示互相"问好"。如果某只黑猩猩发脾气了，别的黑猩猩还知道把手搭在这只黑猩猩的肩上，劝它平静下来，不要发火。

经过人工驯养的黑猩猩，还能学会一些简单的动作，如用餐具吃饭，用铲子挖土，用棍棒打击危害它的来犯者。法国动物园有一只名叫"亨利"的黑猩猩，甚至能开着摩托车把前来游玩的客人平安无事地从动物园送到旅馆去休息呢！

能用工具会思考

美国的两位科学家曾对四只捕获不久的非洲黑猩猩做了一次"智力"测验。

在一间屋子里，将四只黑猩猩用铁丝网相互隔开，在另一角放置了两只完全相同的箱子，参加测验的人分别扮演"友好者"和"欺骗者"。开始时，几个"欺骗者"从箱子里取出香蕉当着黑猩猩的面津津有味地吃起来，几个"友好者"却从箱子里取出香蕉给黑猩猩吃，然后让黑猩猩分别给人们指出哪只箱子里有香蕉。黑猩猩对那些"欺骗者"指的全是空箱子，也使用了

哼，又想骗我？没门儿！

欺骗手段。而对那些"友好者"指的却全是有香蕉的箱子，表示友好和信任。

后来，科学家又进行了另一个实验：不让黑猩猩知道哪个箱子里有香蕉，"欺骗者"指的是空箱子，黑猩猩上当；"友好者"指的是有香蕉的箱子，黑猩猩吃到了香蕉。有两只黑猩猩很快就知道该信任谁了。它俩对"欺骗者"的指点，先是不理不睬，过了一会儿，它俩就懂得，"欺骗者"指这只箱子，就奔向另一只箱子去取香蕉。

看来，黑猩猩不但懂得使用工具，而且还能够进行思考，辨别出信任和不信任这样复杂的关系呢。

身体不适会找药

生活在野外的黑猩猩，当它们感到身体不舒服的时候，还知道自己找药吃呢，不仅如此，它们还知道30多种草药的疗效呢。

黑猩猩经常会吃一种名叫阿斯彼利阿的叶子，因为这种叶子能够有效地杀死它们体内的寄生虫。阿斯彼利阿的叶子表面比较粗糙，边缘长着很多尖利的细毛，味道非常苦，也没有什么营养，但是黑猩猩知道这种叶子对身体有好处，因此会毫不犹豫地把它们吞下去。

黑猩猩在吃阿斯彼利阿叶子的时候从来都不嚼，为的是不破坏阿斯彼利阿叶子边缘的细毛，也许它们很早就已经知道阿斯彼利阿叶子上的细毛能够帮助它们清除寄生在肠壁上的寄生虫，所以它们会在每次吞食的时候，将叶子卷成球形一口咽下去。

吃下去的阿斯彼利阿叶子并不会被消化，而是会保持原来的样子被排出体外，但是其中的有效成分已经被身体给吸收了。

天啊，黑猩猩原来这么聪明，它们的智慧完全超出了我们的想象！

狼

以智取胜的
群居动物

草原上，一群斑马正在悠闲地吃草。在不远处的草丛里，潜伏着好几只饿狼，它们已经在那里潜伏了整整一天。这时，头狼一声低吼，狼群开始小心翼翼地朝斑马群移动。它们这次的目标是一匹半大的斑马，当它们离目标很近的时候，头狼一声怒吼，一只强壮的公狼以迅雷不及掩耳之势向目标冲了过去。

　　斑马群被突如其来的敌人吓得四散逃命，而那匹早被狼群盯上的斑马，已经处在了狼群的包围圈中，它左突右冲，可是怎么都无法冲出包围圈。经过了 20 多分钟的追逐，斑马终于筋疲力尽，头狼看准时机，一跃而起，咬住了斑马的脖子，可怜的斑马一命呜呼了！

我叫狼，是犬科动物

狼早已恶名远扬，一提到狼，人们的第一反应往往是凶残、狡诈、暴虐。自古以来，狼在人们的生活中都是以"狼狈为奸""狼心狗肺""狼子野心""声名狼藉"的形象出现，但真实的狼是什么样的呢？

狼是犬科动物的一种，其外形跟狼狗十分相似，但是吻略尖长，嘴巴略微宽阔些。而且它们的耳朵是直立的，不会弯曲，尾巴直挺挺地垂着，不会像狗那样上翘着摇尾巴。狼具有很强的适应能力，不论是山地、林区、草原、荒漠，还是半沙漠乃至冻原，都能见到它们的踪影。它们既耐热又不怕冷，喜欢

好帅啊！

头儿，您好！

在夜间出来活动。
狼具有灵敏的嗅觉和
听觉，非常善于奔跑，经
常会用穷追不舍的方式来获
得食物。

由于生存环境恶劣，狼从来都
不挑食，它们主要以鹿类、羚羊、兔
等为食，有时候也会吃昆虫、野果
等来充饥，甚至还会盗食人类饲养
的猪、羊等。狼具有很强的耐饥能
力，它们可以连续好多天不吃任何
食物，也可以在食物丰盛的时候吃得肚
皮滚圆。

超一流的生存能力

尽管狼的名声十分差，但是我们无法否认，它们具有超凡的生
存智慧。

狼是陆地生物最高的食物链终结者之一，它集智慧、机灵、团
结于一身。它生存的环境极其残酷，正是如此，才造就了它的残忍

与凶猛——否则，它就会像羊一样成为猛兽的美味。或者说，狼是自然界物竞天择留存下来的最善于生存的动物之一。

狼总是成群结队地在一起生活，一群狼的数量在 6 到 12 只之间，在冬天寒冷的时候最多可到 50 只以上。每个狼群都有一只具有统治力的公狼作为领袖，这只狼称为头狼。头狼必须有足够的能力来维持狼群的秩序，还必须能够领导狼群进行捕猎活动。作为领袖，自然有作为领袖的特权，那就是头狼总是能优先享用猎物。狼群的其他成员包括头狼的配偶、它的幼崽，以及头狼的兄弟姐妹。每当狼群成员遇见头狼时，它们会使用身体语言向头狼表示尊敬，具体动作是俯下身子，耷拉下耳朵，垂下尾巴。大概意思是说："您是我们的头儿！"

每个狼群都有自己的领地，通常会以嗥叫声向其他群体宣告领地范围，它们不会轻易到其他狼群的领地去活动。

狼的智商颇高，它们能够通过叫声、气味来互相沟通，有时候，它们所表现出来的智慧，让人十分钦佩。

别看不起狼，狼聪明着呢

当狼步行或者一路小跑的时候，它的右后脚总是丝毫不差地踩在左前脚的脚印里，左后脚也总是踩在右前脚的脚印里。因此，它的脚印是一条长长的直线。在雪地里，狼的脚印十分明显，好似有一条绳子绷在那儿，如同顺着绳子跑似的。

当你在雪地里看到一行这样的脚印的时候，你会怎么想呢？你或许会这样认为：一只身强体壮的狼从这里走过去了。

你若是这样想的话可就大错特错了。正确的应该是：有五只狼从这里走过去了。走在最前面的是一只机敏的母狼，后面跟着一只老公狼，最后面跟着的是三只小狼。

什么？有五只狼，可是为什么只有一行脚印呢？

当狼群一起出行的时候，走在后面的狼总是能够准确无误地把脚踩在前者留下的脚印上，而且踩得丝毫不差。普通人看到了，绝对不会想到这是五只狼的脚印，只有经验丰富的猎人，才能从上面看出蛛丝马迹来。

狼简直是太聪明了，竟然懂得利用脚印来伪装。

乌鸦

世界上最聪明的

鸟儿

一只乌鸦盘旋在高速公路上空，嘴里还叼着一个核桃。突然，乌鸦一个俯冲，落到了公路上，"啪"的一声，核桃掉在了柏油路上，而乌鸦却拍打着翅膀飞走了。它落在了路边的树上，还不断地朝四处张望，好像在寻找什么似的。

这时，一辆汽车飞驰而过，车轮从核桃上碾过，将核桃碾得粉碎。待汽车走远之后，乌鸦落在了核桃边上，开始大口地啄食核桃仁。

为什么乌鸦是"不祥之鸟"

唉，我真是比窦娥还冤啊！

乌鸦通体漆黑、相貌丑陋，长期以来，在人类眼里的形象都十分不佳。在许多地方，人们甚至把乌鸦视为"丧气鸟""不祥之鸟"。如果乌鸦从院子上空鸣叫着飞过，人们便会被"乌鸦叫，祸来到"的俗语搞得惊慌失措。

乌鸦之所以会如此招人嫌，一来是它的长相十分难看，二来是它的叫声十分难听。人们经常说的是"天下乌鸦一般黑"，黑色在很多人眼里是不吉利的。至于它的叫声，无非是说，乌鸦一叫，就要死人了。事情的真相是，乌鸦生性爱吃腐肉，人临死的时候，会散发出一种异味，乌鸦的嗅觉十分灵敏，闻到后，就会发出叫声。

乌鸦可以说是蒙受了"千古奇冤"！乌鸦属杂食性鸟类，食性非常广泛，金龟甲、蝗虫、蝼蛄等是它的家常便饭。因为它还喜食动物的腐尸、蛆虫，所以对净化环境起着十分重要的作用，堪称大自然中称职的"清道夫"和"清洁工"。

说起聪明的鸟，乌鸦一定第一名

尽管乌鸦被视为不祥之物，但是这并不妨碍它们占据"智慧排行榜"的首席之位——乌鸦是世界上最聪明的鸟儿。

乌鸦喝水的故事想必你已经知道了。一只乌鸦口渴了到处找水喝，发现一个瓶子里有水，可是水太少瓶口又小。怎么办呢？聪明的乌鸦发现旁边有许多小石子，就把小石子衔起来放进瓶子里，瓶子里的水慢慢升高，乌鸦就喝着水了。

乌鸦的智慧可不仅限于喝水这么简单。

真聪明，这样就能喝到水了！

很多鸟儿都喜欢吃种子，乌鸦也不例外，但它们有独特之处。乌鸦并不会一次把所有的种子都吃光，它们在每个地方都只吃一小部分，留下大部分来发芽生长，以使它们来年更好地为自己服务。看来，乌鸦并不贪婪，而且还颇有"可持续发展"的意识呢！

乌鸦很喜欢吃鸟蛋，但鸟蛋不是那么容易就能得到的。它们必须要战胜其他鸟类的母鸟才能从窝里抢走鸟蛋，而守护家园的母鸟可不是那么好对付的，它们不但体格健壮，而且凶猛异常。因此，乌鸦很少会强攻，它们会采用智取的方式——先是不断地干扰母鸟，分散其注意力，设法让其短暂离开鸟窝，然后以最快的速度叼走鸟蛋。

借力使力，小菜一碟啦

众所周知，鸟儿能够用树枝搭建起精美的鸟窝，而乌鸦在使用工具方面更胜一筹。

乌鸦喜欢吃那些钻到树缝里的肥虫子，但是树缝太小，它们的嘴根本无法塞进去，那怎么办呢？别着急，它们会用树枝去挑，当缝隙太小时，它们还会用嘴把树枝削尖，然后将虫子"扎"出来。看吧，乌鸦不但会使用工具，而且还用得很娴熟呢！

不过，最让人叫绝的还是乌鸦吃坚果了。它们无法像猴子那样用石块将坚果砸碎，但是它们懂得另辟蹊径。它们会叼起坚果，然后飞到高空中，再将坚果摔下去。有时候坚果太硬了，根本就摔不开，这点儿小事也难不倒乌鸦，它们不会就此放弃，而是会叼着坚果飞到马路上，将坚果丢下去，让过往的车辆将坚果碾碎。等没车的时候，它们便会迅速地落下去，啄食果壳里的果肉。

乌鸦"借助他人之力"的智慧，真是高明至极啊。

1. 天降"甘露",实际上就是蚜虫_____了!

① 出汗 　　　　② 吐痰 　　　　③ 流血 　　　　④ 撒尿

2. 拳击蟹的手套是_____。

① 橡胶 　　　　② 珊瑚 　　　　③ 海葵 　　　　④ 乌贼

3. 把海星切成 4 块后,_____。

① 海星死了 　　　　　　② 有体盘的部分活了

③ 变成 4 个海星 　　　　④ 海星不见了

4._____经过 2 个月至 4 个月的休养生息,就会重新生长出一套全新的内脏来。

① 海马 　　　　② 海参 　　　　③ 竹节虫 　　　　④ 角蜥

5. 刺豚在_____的时候,会像刺猬那样把硬刺都给竖起来。

① 寻觅配偶 　　　② 进食 　　　③ 生气 　　　④ 遇到危险

6. 鳄鱼流眼泪,是因为_____。

① 要排出体内的盐分 　　　　② 太伤心了

③ 要装成好人 　　　　　　　④ 心情不好

7. 科莫多龙蜥最致命的是_____。

① 锋利的牙齿　　　　　② 唾液里的细菌

③ 粗壮的尾巴　　　　　④ 下颚毒腺分泌的毒液

8._____是与人类血缘最近的动物，也是除人类外智力水平最高的动物。

① 猴子　　　② 黑猩猩　　　③ 类人猿　　　④ 海豚

9. 蚂蚁饲养蚜虫，是为了_____。

① 吃蚜虫的排泄物　　　② 吃蚜虫的肉

③ 吃蚜虫的幼虫　　　　④ 排遣寂寞

10. 竹节虫产卵之后，把卵_____。

① 藏起来　　　　　　　② 放到寄生虫体内

③ 放到树叶里　　　　　④ 随意地洒在地上

叹为观止的
动物生活

河狸

水里的天才建筑师

在森林里的小河旁，有一条修筑得十分精巧的堤坝。那座堤坝将河水拦截在了河湾里，形成了一个波光粼粼的小湖。即使在干旱季节，小河里的水少得可怜，可是小湖里还是装满了水。是谁在小河里建造了这座堤坝呢？其目的何在？这座堤坝是大名鼎鼎的"天才建筑师"河狸建造的，对它们而言，建造个堤坝不过是小菜一碟！

黏土

透气孔

过冬的食物

松软的床铺

为什么河狸要把房子建水里

对于河狸而言，"天才建筑师"这个称号可谓实至名归，因为它们可以造出美轮美奂的住房来，而且是在水里。

河狸的房子结构十分精巧：圆圆的房顶，从远处望去就像是一个炭窑，房顶直径有 2 米～3 米，坚厚的墙壁外面涂着黏土，里面十分宽敞，能够储存过冬的食物，还有松软的床铺；在这样的房间里生活一点儿也不会闷，因为"天花板"上有透气孔。一般河狸的房子都有两个大门，一旦有水獭等动物闯入，它们便可以从后门逃跑。

后门

筑堤坝的小能手

　　不过，要想在水里造房子可不太容易，既要有一定的水位，但是水位又不能太高，否则就会把房子给冲走。因此，河狸一般会在建造房子之前先筑造堤坝，将水流截住。

　　它们用来筑造堤坝的材料很讲究，有树干、石块、泥土等。说到树干，不得不说说河狸的伐木本领了。它们会先选择好方向，用锐利的门牙将树啃断，让树倒向河里。河狸用多长时间能啃倒一棵大树呢？说出来一定让你大吃一惊，一棵直径 40 厘米的树，只需要 2 个小时。

　　当收集了一些树干之后，河狸又利用水流把它们运到围堤的地方，再将树干一根根垂直地插进土里当作木桩，然后用树枝、石子、淤泥堆成堤坝。筑好堤坝之后，河狸才会在近岸的地方造房子。

团结友爱，勤劳协作

河狸喜欢群居生活，它们筑造堤坝运用的也是集体的智慧。在整个筑堤过程中，河狸们个个都会参与其中，有的在岸上"砍伐"树木，有的在水中截树木，有的插树桩，有的运石块，有的送泥土，配合得相当默契，俨然一个井然有序的施工队。

河狸异常勤劳，干起活来从来都不知疲倦。因此，在英国和美国，人们都喜欢用"河狸"一词来赞美那些对工作不辞辛苦的人们。

小河狸有大智慧

河狸的食物主要是杨树、柳树、桦树等树木的新鲜树皮、嫩枝和树根。在冬季来临之前，河狸就会大量地储备冬粮。它们把树干和树枝啃咬至 1 米左右，运到洞口附近集中储藏——先用石块将树枝压好，再用泥土封死，这样一个"储藏室"就建成了。

冬天来了，大雪封山，湖面上结起了厚厚的冰层，许多动物都面临寒冷和饥饿的威胁，而河狸一家却可以在宽敞暖和的房间里享乐。

正是因为勤劳、团结，有先见之明，还懂一些技术，河狸在地球上一直繁衍生息，是现存最古老的动物之一，被称为古脊椎动物的"活化石"。

蜜蜂

会飞的聪明

建筑师

蜂巢内部

　　村口的大柳树上，挂着一个莲蓬一样的蜂窝，上面密密麻麻地爬满了尾巴上带刺的蜜蜂。还有许多蜜蜂进进出出的，看起来十分忙碌。

　　咦，看上去那个蜂窝也不是很大啊，它是如何容纳那么多蜜蜂的呢？难道蜜蜂在里面叠罗汉？

8字舞

蜜蜂身上的数学天分

如果你亲眼见过蜜蜂的房子——蜂巢的话，你一定会为之惊叹。

蜂巢的结构十分巧妙，它是由一个个正六角柱形体的蜂室组成的，蜂室的开口全部朝下或朝向一边，背对背排列在一起。每一个蜂室的大小都是统一的，上下左右的距离也是相等的。蜂室紧密相连，整齐有序，仿佛是经过精心设计的。

组成蜂巢底盘的菱形，所有的钝角都是 109° 28′，所有的锐角都是 70° 32′。这一惊人的发现引起了数学家克尼格和马克洛林的注意，他们分别经过精密的计算，得出了一个结论——如果要用最少的材料，制成最大的菱形容器，正

需要这个角度。正六角形的建筑结构，密合度最高，所需材料最少，可使用空间最大。

更令人惊奇的是，蜜蜂为了防止蜂蜜外流，每个蜂巢都是从中间向两侧水平展开，每个蜂房从内室底部到开口处，都呈现 13° 的仰角。

蜜蜂在筑巢时展现出了惊人的数学才华，这令许多建筑师都自叹不如。小小的蜜蜂不仅仅是建筑师，还是天才的数学家呢。

蜂房：精雕细刻的六边形

蜜蜂的房子那么精巧，那么它们是如何建成的呢？

蜜蜂是社会性的昆虫，它们的分工十分明确，蜂巢是由最勤劳的工蜂建造的，它们不仅要筑巢，同时还担负着照料幼蜂、清洁、采蜜、保卫家园、修补巢穴的工作。

建造蜂巢所需要的材料，叫作蜂蜡，是由工蜂腹部的四对蜡腺分泌的。一只12日龄～21日龄的工蜂，其腹部的四对蜡腺大致上已经发育完全。

工蜂在筑巢之前会吸足花蜜，经过一天的休息，工蜂体内的蜜汁经过吸收分解，就变成了蜂蜡，然后工蜂通过腹部的蜡腺分泌出一层薄薄的蜡片，这时它们就会进行下一步筑巢工作。

蜡腺

工蜂先用足上的毛将分泌出来的蜡片刷下来，送入嘴里嚼成小块，然后将这些蜡板传递给在箱板上等待造巢的工蜂。造巢的工蜂用嘴接过蜡板，将其均匀地涂在顶板上，作为蜂巢的基础。随后，其他工蜂都会陆续送来蜡板，巢基就这样渐渐地加高，最后，一根蜡柱从顶板上垂下。这时，其中的一只工蜂便会在蜡柱中间做出一个六边形的洞，经过精雕细刻之后，第一个六边形的蜂房就建好了，这样便有了最基本的模型，其他的工蜂在其基础上开始有条不紊地施工。渐渐地，一个个相互连在一起的六边形蜂房便建好了，直至最后形成了一个美丽独特的蜂巢。

当天气炎热导致蜂巢内温度升高时，工蜂们就会在蜂巢入口振动翅膀扇风，使得蜂巢内空气流通，变得凉快起来。

独具特色的蜜蜂舞

蜜蜂在采蜜归来时，总是在蜂房上空欢乐地飞舞不停。有时，它会顺着一个方向或者倒转一个方向兜圈子；有时，它又一会儿左，一会儿右地兜半个圈子。这是为什么呢？难道是因为采蜜归来十分兴奋，要跳舞来庆祝？

原来，蜜蜂跳舞是为了传递信息。它们能够通过舞蹈的图形、圈数的多少来告诉同伴花的方位和距离。蜜蜂是靠太阳来辨别方向的，假如它们头朝上跳"8"字形舞蹈，意思就是，朝太阳的方向飞能采到花蜜；头冲地跳"8"字形舞蹈，意思就是背朝着太阳飞能采到花蜜。而距离的远近，则用飞舞圈数的多少来表示。

在非洲的热带草原上，有许多奇奇怪怪的土堆——它们有的像一根根粗矮的柱子，有的像一个个树桩，尽管它们形状各异，外表凹凸不平，但是其底部都十分光滑整洁。如果你有机会见到它们，一定会怀疑这是那些调皮的小孩子的"杰作"。其实，这些"作品"是白蚁的巢穴。

什么？小小的白蚁竟然能够建起这样的"摩天大厦"，这是真的吗？

白蚁
出色的陆地建筑师

通道　通道　通道

工蚁的住所

蚁后、蚁王的皇宫

育婴室

储藏室

菌圃

通道

通道

自然界的"推土机"

白蚁是自然界出色的建筑师。它们素有自然界"推土机"之称，与自身体积相比，它们所建造的"摩天大楼"可相当于人类建造的 102 层的纽约帝国大厦的 4 倍呢！

蚁穴大部分都建在地势比较高的地方，不少的蚁穴就建在公路旁，有的甚至把树干和树枝包在里面。这样，地处高地，不会积水；傍树筑巢，可以不愁吃喝。

最神奇的要数蚁穴内部的构造了，其内部四通八达，既坚固又实用，可供数百万只白蚁栖息。白蚁只能生活在黑暗潮湿的地下，一旦暴露在阳光下或温度过高、过热的环境中，它们就会很快干瘪死亡。为了保持蚁穴的湿度，白蚁挖掘隧道，通过取地下水来润湿巢穴；为了降温，白蚁架起了高耸的通风管，利用空气对流来解决这个难题。

白蚁的巢穴能够利用巧妙的构造保持冬暖夏凉，这点连人类的建筑都自愧不如。因此，白蚁是自然界当之无愧的出色建筑师。

白蚁的家就是一座地下宫殿

看看白蚁的地下宫殿，你就会明白什么是真正的建筑大师。

白蚁的地下宫殿一般建在地下几十厘米甚至数米深的地方，结构十分壮观和复杂：外层是一道厚而坚实的防护层，里面是片状或蜂窝状的住所。而且，蚁穴还有主穴和副穴之分。在穴内安全、舒适的地方，建有供蚁王和蚁后居住的片状皇宫，而宫廷卫队——兵蚁则住在皇宫周围，担任守卫皇宫的重任。副穴呈蜂窝状，是国王忠实的子民——工蚁们的住宅。主穴和副穴之间有许多宽敞的通道，用来传递信息、运输物资。

有的白蚁还在巢穴里建造了几个甚至数十个"王室农庄"——菌圃，用来培养菌类作为"宫廷御膳"。我国云南著名的土特产——鸡菌，就是黄翅大白蚁、土垄大白蚁等精心培育而成的。

每只白蚁都有自己的工作

白蚁的生活方式十分原始，一个白蚁群体中，有蚁后、蚁王、兵蚁、工蚁，它们分工明确，各司其职。

蚁后在蚁王的陪同下，住在皇宫里。说起来，蚁王的个子只有蚁后的四分之一，在蚁后面前，蚁王显得十分"渺小"。蚁王和蚁后只管交配产卵，生儿育女。蚁后每天都能产出上万个卵，假如蚁后有30年寿命的话，它能够在这30年里不停地产卵，你试着算算这个数字有多大吧！

兵蚁只管防御，它们肩负着站岗放哨、保卫家园、抵御侵略的重任。工蚁只管做工，担负着蛀蚀木材、运送食物、修建巢穴、照料幼蚁的繁重任务。别看工蚁们的个子很小，体长只有7毫米～9毫米，仅仅是兵蚁的二分之一，但是庞大的蚁穴就是由它们把地下的泥土衔出去，然后一点点建造起来的。

尽管白蚁十分能干，堪称建筑师，但是它的危害性极大。它们以木材为食，破坏了树木和民房，还破坏了土壤的承载能力，因而它们的名声并不怎么好。

在美丽的非洲大草原上，一群长颈鹿正伸着长脖子啃噬鲜嫩的枝叶，它们灵巧的舌头轻轻一卷，就将鲜嫩的枝叶卷入了嘴里。这时，一头凶猛的狮子慢慢地向长颈鹿靠近，它蹑手蹑脚，生怕发出一点声响。但是，很快就有长颈鹿发现了这位不速之客，撒腿就跑，其他的长颈鹿见此情形，也纷纷四散而逃……

哇，一伸脖子就能吃到树上的叶子，好羡慕啊！

动物界的高个子

长颈鹿是一种生长在非洲的反刍偶蹄动物，以长长的脖子而出名，是陆地上最高的动物。雄性长颈鹿的身高最高接近 6 米，体重 1500 千克左右，雌性长颈鹿要稍稍逊色一些。

长颈鹿的头顶有一对长有茸毛的小角，眼睛大而突出，长在头顶上，身上还有棕黄色的网状斑纹。长颈鹿生活在非洲热带和亚热带广阔的草原上。不过，虽然它是非洲特有的动物，但是据古生物学家研究考证，长颈鹿的祖籍可是在亚洲哦！

别看长颈鹿长得高高大大的，它们却是十分胆小的家伙，每当遇到天敌的时候，它们唯一的选择就是立即以 70 千米 / 时的速度逃命。一旦逃不掉，它们那四只铁锤似的巨蹄便是最强有力的武器，狠狠地朝敌人踢去。长颈鹿看上去十分温驯，但是你千万不要因此就觉得它们好欺负而激怒它们。据说，愤怒的长颈鹿可以一脚踢死一头成年的狮子呢！

长颈鹿头顶上的大眼睛是天生的"瞭望哨"，可以随时用来监视敌情，号称是动物界的"千里眼"；除此之外，长颈鹿还会利用它们那双不停转动着的耳朵，随时寻找声源，直到确定平安无事，它们才会安心地进食。

长长的脖子超灵活

　　长颈鹿为什么要长那么长的一个脖子呢？它的祖先的脖子也这么长吗？

　　其实，在很早之前，长颈鹿的祖先并没有像现在这样长着长脖子。那时候，在非洲大草原上，有许多的草食性动物，较矮的植被

脖子只有 7 块颈椎

很快就被动物们吞噬殆尽，要想生存下去，只有向更高的树枝看齐。在这样恶劣的生存环境下，长颈鹿只好努力伸长脖子，去吃更高处的新鲜树叶和树枝，而那些脖子伸不长的长颈鹿就这样被活活饿死了。

就这样，经过一代又一代的进化，长颈鹿的脖子就变得越来越长，因此，长颈鹿就有了我们今天所看到的长脖子。

长颈鹿的脖子不仅很长，而且还能够旋转360度呢，这样它们就可以随时观察周围的环境，以便在危险来临之前尽早防御。

别看长颈鹿的脖子那么长，其实它只有7块颈椎的椎骨，只是它们的椎骨要远远长于其他动物的椎骨，其中的一块椎骨大约有半米长。长颈鹿还有一根长达40厘米的舌头，这根舌头十分灵活，能够轻松地避开植物外围密密的长刺，卷食隐藏在里层的树叶，堪与大食蚁兽的舌头相媲美。

喝水难：高个子的大烦恼

长颈鹿不仅拥有一个长脖子，还拥有大长腿。它的后腿要比前腿短得多，因此，长颈鹿很难像其他动物那样灵活自如地低头喝水。长颈鹿要想低头喝水，就得叉开前腿，站立成一个很不稳定的"V"字形，看上去颤颤巍巍的，似乎只要轻轻一推，就会马上向前摔倒。有时它们也跪在地上喝水，十分不便。因而，长颈鹿在喝水的时候最容易受到其他猛兽的袭击。好在长颈鹿是群居性的动物，它们往往不会同时喝水，总会留几只长颈鹿来站岗放哨。

不过，为了防止意外的发生，长颈鹿会尽量减少喝水的次数，如果觉得口渴，它们就会吃大量的树叶和果实来补充水分。

生活在非洲野外的长颈鹿往往是站着睡觉的，因为对于长颈鹿来说，睡觉是一件十分棘手的事情，甚至会让它们面临危险。如果它们躺下睡觉，要花整整一分钟的时间才能从地上站起来，这就使得它们的逃生能力大打折扣。所以，躺下睡觉也是一件十分危险的事情。

午后，在茂密的热带丛林里，阳光从树叶的缝隙洒了进来，投下了斑驳的阴影。一条巨大的蟒蛇爬上了一棵树，那些栖息在树上的小动物们顿时吓得尖叫连连，四散而逃。

这突如其来的动静把树上正在睡觉的一只巴掌大的小猴子惊醒了，它瞪大了眼睛四处张望。这只小猴子还真是特别，小小的脸上长着一双圆溜溜的大眼睛，差不多占了小猴子的大半张脸。看到蟒蛇之后，它迅速一跃，跳到了相邻的树上。又一转眼的工夫，小猴子便不见了踪影。

眼镜猴

脸上的"眼镜"是天生的

身体不动，脖子可以转一圈，进行 360 度巡查

小小的猴子，大大的眼睛

被蟒蛇吓跑的大眼睛小猴子有个很形象的名字——眼镜猴。眼镜猴最奇特的地方就是那双大得出奇的眼睛了。眼镜猴的眼球直径有 1 厘米以上，重达 3 克，比它的大脑还要重呢。它的两眼相距很近，眼周环生着黑斑，占据了脸的大部分，把鼻子挤得又小又窄，就像戴着一副宽边眼镜。眼镜猴具有很高的警惕性，甚至在睡觉的时候，它们也会睁着一只眼睛。

睡觉中

眼镜猴的个头跟家鼠差不多，全身呈黄褐色，乍一望去仿佛一只褐色的家鼠。它的体重不超过一块普通手表的重量，是世界上体型较小的灵长类动物之一。

眼镜猴的脖子十分灵活，它能够身体不动而让头几乎转动一圈，这有助于它发现猎物和避开猫头鹰、猫等敌人。

眼镜猴的后肢很长，而跗骨更是格外长，故又称跗猴。此外，眼镜猴还有一条长出身体几乎一倍的尾巴，这条尾巴起着平衡和支撑的作用。有了这条尾巴，眼镜猴不仅能够灵活地在树枝间跳来跳去，而且还可以稳稳地趴在树枝上不掉下来。

眼镜猴浑身长满了柔软而厚实的毛。它们喜欢抱着树枝趴在树上或者是在树枝间跳跃。在它们的趾端（手指尖和脚趾尖）有一个盘子形状的肉垫，这样一来，它们就可以牢牢地攀附在树枝上了。

原来是个"夜猫子"

小眼镜猴刚出生的时候就已经发育得十分成熟了，它们有着厚实的皮毛，眼睛也是睁开的，一生下来就能爬，能抓住母亲的毛。如果母猴要走比较长的路，会将幼崽衔在口中。

眼镜猴喜欢生活在茂密的次生林和灌木丛当中，它们跟猫头鹰一样，也是夜猫子——白天睡觉，夜间活动。每当夜幕降临，眼镜猴的那双大眼睛就派上了用场。说起来，眼镜猴的大眼睛十分适于夜间捕食，它们以昆虫、青蛙、蜥蜴及鸟类为食，有一种眼镜猴还能够捕食比它们自身体积大的鸟与毒蛇呢。

以树为家的跳跃高手

　　眼镜猴具有很强的跳跃能力，有时一跃的距离竟相当于其体长的 40 倍。在树枝之间跳跃时，它们会伸直自己的后腿跳向空中，然后落在距自己 2 米甚至更远的另一棵树上。如果有必要的话，它们还可以在中途拐弯。

　　眼镜猴几乎是以树为家的，它们很少会到地面上活动。偶尔到地面活动时，它们会笨拙地沿着树干慢吞吞地挪到地面上。即使在地面上，它们也是通过跳跃来移动的。

　　眼镜猴不喜欢群居，它们大多是独行侠，偶尔也会成对地栖息在一起。眼镜猴的寿命为 15 年～20 年，十分恋家，它们只要离开了栖息地就会忧郁而死。曾有人试图将它们带到别的地方饲养，但都以失败告终。

千足虫

长着很多脚的小爬虫

在美洲的巴拿马丛林里，如果你一不小心将脚下的一块石头踢飞，你会意外地发现下面竟然藏着许多圆乎乎的小虫子，它们一个个看上去肉乎乎的，由黑黄相间的体节组成。显然它们被这突如其来的意外给吓着了，一个个惊慌失措、连滚带爬地朝着周围的缝隙钻去。

不过呢，仔细一瞧，它们的身体两侧竟然长着上百只细细的小脚。天哪，这种小虫子竟然长了这么多脚！